郭树君 主编　　韩文举　邱延波 副主编 ◀◀◀

WUSHUI CHULICHANG
JISHU YU GUANLI WENDA

污水处理厂
技术与管理问答

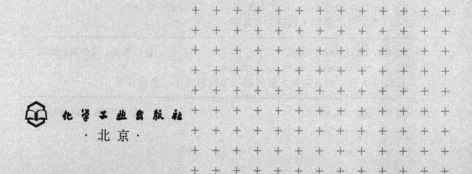

化学工业出版社
·北京·

本书采用问答的形式，从污水处理厂投产前应具备的开车条件入手，对污水处理过程中的常见问题及处理方法做了系统介绍，内容包括污水处理厂投产的基本条件、污水处理厂的技术管理、污水处理运行中异常现象剖析及处理、污水处理新技术实践、污水处理技术、污水处理设备设施、污水处理厂的安全管理、污水处理药剂、污水处理分析监测技术等。

本书内容实用，可以帮助污水处理行业的管理人员、技术人员和操作人员了解和认识污水处理工艺的原理及特点，解决实际工作中的疑难问题。

图书在版编目（CIP）数据

污水处理厂技术与管理问答/郭树君主编. —北京：
化学工业出版社，2014.12（2021.1重印）
ISBN 978-7-122-21980-0

Ⅰ.①污… Ⅱ.①郭… Ⅲ.①污水处理厂-技术管理-
问题解答 Ⅳ.①X505-44

中国版本图书馆 CIP 数据核字（2014）第 231577 号

责任编辑：傅聪智　　　　　　　　　文字编辑：王　琪
责任校对：王素芹　　　　　　　　　装帧设计：刘丽华

出版发行：化学工业出版社
　　　　　（北京市东城区青年湖南街 13 号　邮政编码 100011）
印　　装：北京虎彩文化传播有限公司
850mm×1168mm　1/32　印张 8¾　字数 226 千字
2021 年 1 月北京第 1 版第 7 次印刷

购书咨询：010-64518888　　　　　　售后服务：010-64518899
网　　址：http://www.cip.com.cn
凡购买本书，如有缺损质量问题，本社销售中心负责调换。

定　　价：38.00 元　　　　　　　　版权所有　违者必究

前言

环境保护是生态文明建设的重要组成部分，新修订的《中华人民共和国环境保护法》将于 2015 年 1 月 1 日正式实施，标志着我国的环境保护工作进入了一个新的阶段。

水污染防治一直是我国污染防治工作中的重点，其中化学工业又被认为是污染防治工作中的重中之重。吉林石化公司自 20 世纪 70 年代开始，致力于企业环保治理的探索与实践。1980 年，建起了当时亚洲最大的污水处理厂，废水日处理能力为 19.2 万吨。1996 年，利用自主研发的 A/O 工艺对污水处理厂进行了大规模的改扩建，废水日处理能力达到 24 万吨，在多年的实际工作中积累了丰富的经验。

本书以问答的方式对污水处理厂的技术管理进行解释，其主要问题来自于吉林石化公司多年的生产管理实践，包括污水处理厂的技术管理、操作管理、异常现象的剖析及处理等。也有一些问题来自于技术人员对其他污水厂的开车及投产运行调试工作的经验总结。这些实践经验已经过检验是正确可行的，通过对具体问题的具体剖析处理，所形成的方式、方法可对同行业技术管理人员提供较好的指导作用，对减少污水处理厂生产运行过程中的水质波动和设施、设备故障有一定的帮助。部分问题经实践检验需从设计着手开展合理设计，从工程设计之初即严格杜绝缺陷，从节省工程建设投资到装置的合理低耗稳定的运行，有着非常积极的意义。同时，对当前行业发展的最新技术特别是污水深度处理技术也进行了剖析，这些剖析是在科研实践中总结对比而形成的结论，对同行业在新技术的采纳及污水提标改造有着积极的借鉴作用。另外，本书介绍了污水处理厂的投产条件、安全管理、药剂管理、监测分析管理等。

可对污水处理厂日常管理提供规范参考，实现污水处理厂的安全、稳定、标准化管理。

本书主编为郭树君；副主编为韩文举、邱延波。各章编者如下：第一章邵巍；第二章郭树君、韩文举、邱延波、张彦福、左宏伟、肖林厚、王轶群、何洪波、卓孔友、熊丽萍、左旭岩；第三章郭树君、左宏伟；第四章郭树君、蒲文晶、赫春玲、刘诚、王轶群、耿长君、常丽君、左旭岩、邵巍、吴晓峰、王宏伟、麻志涛；第五章郭树君；第六章刘海平、纪红军、邵德武、崔哲铭；第七章赫春玲、邢小微；第八章张伟红、左旭岩；第九章李忠臣。排名不分先后，其中蒲文晶、耿长君、王宏伟、苗磊为中国石油吉林石化公司研究院科研人员；叶万东、邵志国为中国石油集团东北炼化工程有限公司设计人员；其余编写人员均为中国石油吉林石化公司污水处理厂技术管理人员。全书由刘诚、左旭岩、吴晓峰进行整理校核。

本书在编写过程中得到了中国石油吉林石化公司污水处理厂厂长兼党委书记高兴波、中国石油集团东北炼化工程有限公司吉林设计院党委书记兼环境分院院长张锐锋、中国石油吉林石化公司污水处理厂副厂长李俊成的技术指导和支持，在此一并致谢。

编　者

2014 年 10 月

目录

第三章 污水处理运行中异常现象剖析及处理　90

第六章　污水处理设备设施　　191

第七章　污水处理厂的安全管理　221

第八章 污水处理药剂 **236**

第九章 污水处理分析监测技术   244

1 单机试车有哪些安全技术措施？

（1）试车时应设警戒线，与试车无关人员不得入内。

（2）机泵运行时要装好防护罩，严禁用手触摸转动部分，风机进风口应有护罩网。

（3）电气操作应有专人负责，严禁擅自乱动。

（4）试运转时充水设备应有专人看护，以防抽空。

（5）试运转时若有异常现象出现，应立即停机检查处理。

（6）施工现场应配有足够的灭火器材。

（7）机泵解体应注意清洁，拆下的部件做好防护，保证装配时零部件的洁净。

（8）不得用汽油清洗零部件，用过的抹布、脏物集中进桶存放，不可随意存放。

（9）单机试运转中严格执行负责人员的指令，精力集中，用心操作，坚守岗位；试运转流程应仔细确认，根据操作程序做好阀门开关。

（10）按照产品说明书、试运转方案、操作方法进行指挥和操作，严禁多头领导，越级指挥，违章操作，防止事故发生。

（11）机泵试运转结束后，将腔体和管内水全部排净，排不净者用空气吹干。

（12）需在较深的阀门井、泵井操作时，办理相关票、证、书，注意安全。

2 单机试车有哪些内容？

单机试车包括单独对电机测试和电机与设备连接后的测试两种。

(1) 在电机与设备脱开的情况下，单独对电机进行测试 测试必须参照产品说明书进行，主要的测试内容应包括确定转向、测速开关、紧急停车按钮、拉绳开关及限位开关、电动机空载电流值、电动机电流三相平衡、电动机的振动、轴承温度等项目。

(2) 电机与设备连接后的测试 确认所有的机械保护装置已经安装完成，根据产品说明书的相关内容和相应的国家验收标准进行测试，依据产品说明书提供的数据核查检测后的数据。

3 单机试车有哪些检查项目？

试运转过程中，每隔 30min 检查各轴承温度、振动、出入口压力、电机温度、电压、电流等是否正常，并做记录；同时应有专人监视各处容器、池体液位变化，防止抽干，造成机械损坏。若无特殊规定，应符合下列要求。

(1) 可单独检查电机的设备，需脱开电机，通电试运转 2h。

(2) 如无特殊规定，滚动轴承的温升应不超过 40℃，最高温度一般不超过 75℃；滑动轴承的温升应不超过 35℃，最高温度一般不超过 65℃。

(3) 如无特殊规定，离心式机器轴承处的振动值应符合表1-1要求。

表 1-1 离心式机器轴承处的振动值

转速/(r/min)	轴承处的双向振幅/mm
750~1000	0.10
1001~1500	0.08
1501~3000	0.06
3001~6000	0.04
6001~12000	0.03
>12000	0.02

（4）隔膜泵振动值应不大于 0.08mm/s。振动值应在轴承体上轴向、垂直、水平三个方向测量。

（5）试运转时间电机为 2h，一般泵、搅拌器为 4h，压缩机、风机为 2h。

4 管线试压、试密、试漏前有哪些准备？

（1）设备、工艺管线安装完毕，交工资料齐全，吹扫合格。

（2）试验用的临时加固措施经检验确认安全可靠。

（3）试验用压力表已校验合格，且每一系统不能少于两块，精度不低于 1.5 级。

（4）将不参与试压的系统、设备、仪表及管道加以隔离，安全阀拆下加置好盲板，并做好标记和记录。

（5）除试压用压力表外，拆除试压系统的所有压力表、安全阀、膨胀节。

（6）测试前要排净空气，设备、管线不能保温。

（7）准备好测试记录，必须有测试人签名，并存档。

5 怎样进行管线试压？

耐压试验时，升压应分级缓慢进行，达到试验压力后，保持 10~30min。然后降至最高工作压力下，保持 30min，检查发现无泄漏，目测无变形，压力不下降为合格。

试压过程中若发现有异常响声、压力下降、涂料剥落、装置发生重大故障等不正常现象，要立即停止试压，查明原因。若遇泄漏，应泄压处理，不得带压处理，处理完毕后重新升压。水压试验结束后，及时将水排尽并注意安全。

6 怎样进行管线试密、试漏？

管线试密、试漏在系统水洗试验后进行，试验介质用空气。在试验压力下，用涂刷肥皂水的方法，检查焊缝口各密封点有无泄漏。如无泄漏，稳压 30min，泄压率不超过 5%/h 为合格。

试验合格后，排放介质时要注意安全，防止噪声伤害；试验结束后，要有专人核对盲板，将拆下的压力表、安全阀、膨胀节等复位；认真填写记录，并存档。

7 构筑物试密、试漏有哪些安全技术措施？

（1）试验前，将试验场地进行全封闭，池壁上设 900mm 高护身栏杆及 150mm 高挡脚板。

（2）满水试验期间，水池四周应设置围护设施及警示灯。

（3）指派专人进行 24h 不间断的看管、巡查，无关人员不得入内。

（4）准备两套救生圈。

（5）下雨时停止一切试验工作，待天晴时再进行试验。

8 怎样进行构筑物的试密、试漏？

（1）注水 一般情况下，都用清水进行。根据构筑物体积和深度的大小，分几次进行注水。对于体积和池深较大的污水池，可分三次把水充满，每次注入池容的 1/3，间隔 24h 以上，以便池体充分吸水，有利于混凝土微裂缝的愈合。对于体积和池深较小的池子，分两次进行注水即可。

每次注水后测读 24h 的水位下降值，同时检查池体外部结构混凝土和穿墙管道的填塞质量情况。如果池体外混凝土表面和穿墙管道堵塞有渗漏，或水位降的测读渗水量较大时，应停止注水，检查补漏后再继续注水。

（2）水位观测 注水时的水位用水位尺测量。注水至设计深度，进行渗水量测定时，应用水位测针测定水位降，水位测针精度达到 1/10mm。

混凝土结构要求每平方米每天渗水量小于 2L，砖池子小于 3L 视为合格。

9 联动试车具备的条件是什么？

（1）试车范围内的工程已按设计文件规定内容施工，按验收规范的标准验收完成。

（2）试车范围的设备，除必须留待投料试车阶段进行试车的，单机试车已经全部合格。

（3）试车范围内的构筑物、设备的试压、试密、试漏试验已经合格。

（4）试车范围内的电气系统和仪表装置的检测系统、自动控制系统、联锁及报警系统等应符合有关电气、检测、联锁、报警的相关规定。

（5）联动试车方案和操作规程已经批准。

（6）建设单位的正常管理机构已经建立，各级岗位责任制已经执行。

（7）试车领导组织及各级试车组织已经建立，参加试车的人员已考试合格。

（8）试车所需燃料、水、电、汽、工艺空气和仪表空气等可以确保稳定供应，各种物资和调试仪表、工具皆已齐备。

（9）试车方案中规定的工艺指标、报警及联锁整定值已确认下达。

（10）试车现场有碍安全的机器、设备、场地、走道外的杂物已清理干净。

（11）联动试车前应首先对安全、消防、环保设施等进行检查验收，具备投用条件，满足和保证试车过程安全、消防、环保等方面的要求。

⑩ 联动试车的步骤是什么？

向污水处理系统中进水，水量由设计负荷的 10％ 逐步提高到 100％，该期间预处理系统投入运行。通过水量的变化，对预处理系统投加药剂的种类、配药浓度、加药量进行确认。当生化系统二沉池水位升到一定高度时，对污泥回流系统进行试车，此时系统流程已全部打通。当二沉池水满出水时，联动试车工作结束，进入下一阶段，开始进行投料试车。

在不具备投产条件时，联动试车可以用清水代替污水进行，这就要求提供较大的清水量，按照流程顺序把水一段段向后输送，直到最终出水为止，系统全部投运，流程全部打通。

11 投料试车具备的条件是什么？

（1）联动试车合格并消除缺陷。

（2）建设单位组织参加试车部门签署《联动试车合格证》，并向上级申请投料试车。

（3）建设单位应编制投料试车装置网络计划，建设单位组织检查验收，完成操作变动审批。

（4）应尽量避开严寒季节。如在严寒季节，须制定冬季试车方案，落实防冻措施。

12 投料试车的合格标准是什么？

（1）生产装置连续运行，出水达标。

（2）未发生重大设备、操作、人身事故，未发生火灾和爆炸。

（3）环保设施"三同时"，不污染环境。

13 投料试车期间紧急情况如何处理？

（1）跑水淹泵，先停电源，关闭出口阀门，用潜水泵将水抽出，再查找原因。

（2）泵突然停运，立即关闭出口阀，启动备用泵，查找原因。

（3）突然停电，关闭出口阀门，停止进水、进泥，污水超越排放。

（4）工艺管线不畅通，立即停止向后续构筑物送水、送泥，检查工艺管线、阀门情况，查找原因。

14 投料试车后的生产考核有哪些内容？

生产考核，是指投料试车产出合格产品后，对装置以下方面是否达到设计要求进行的全面考核。

（1）装置生产能力。

（2）药剂、动力指标。

（3）各单元主要工艺指标。

（4）出水指标稳定性。

（5）自控仪表、在线分析仪表和联锁投用率。

（6）机电设备的运行状况。

（7）"三废"排放达标情况。

（8）环境噪声强度和有毒有害气体、粉尘浓度。

（9）设计和合同上规定要考核的其他项目。

15 投料试车后的生产考核具备哪些条件？

生产考核时间一般为72h，在装置满负荷连续稳定运行后1个月内进行。生产考核应具备下列条件。

（1）投料试车已经完成。

（2）在满负荷试车条件下暴露出的问题已经解决，各项工艺指标调整后处于稳定状态。

（3）全厂相关车间生产运行稳定。

（4）测试器具、分析项目、分析方法、计量仪表等条件已经具备。

（5）原料、燃料、化学药品的质量符合设计文件的要求。

（6）水、电、汽、气、原料、燃料、化学药品可以确保连续稳定供应。

（7）DCS、自控仪表、报警和联锁装置已投入稳定运行。

引进装置生产考核，按合同执行，双方应共同确认计算公式、分析方法、计量仪表、考核时间、记录数据等。

生产考核结束后，建设单位和设计单位共同签署生产考核报告，引进装置国外专家或总代表在生产考核报告上签字。

首次考核未能达到标准，建设单位应与总承包、设计、科研等单位共同分析原因，对存在问题整改后重新考核，但不宜超过三次。

引进装置考核达不到合同保证值，按合同有关条款执行，并载入生产考核报告。

生产考核结束后，建设单位整理、归纳、分析原始记录，并于1个月内按装置或项目编写《生产准备及试运考核总结》。

16 联动试车、投料试车方案有哪些内容？

试车方案有组织机构、人员分工、具体的试车步骤、原料及物料的准备情况及其物理化学特性、安全注意事项、应急预案。在试车前,方案必须经审核、审定、审批后,组织相关人员学习,并进行模拟演练,保存记录。

17 操作规程有哪些内容?

操作规程包括工艺技术规程、操作指南、开停工规程、基础操作规程、事故处理预案、操作规定、仪表控制系统操作法、安全生产与环境保护等章节。其中工艺技术规程包括以下几方面。

(1) 装置概况 如生产规模、能力、建成时间和历年改造情况。

(2) 原理与流程 装置生产原理与工艺流程描述。

(3) 工艺指标 包括:原水、出水指标,公用工程指标,主要操作条件,原材料消耗、公用工程消耗及能耗指标。

(4) 生产流程图 工艺原则流程图、工艺管线和仪表控制图、工艺流程图说明。流程图的画法及图样中的图形符号应符合国家标准或行业标准。

(5) 装置平面布置图 须标出危险点、报警器、灭火器位置。必要时可单独画出危险点、报警器、灭火器位置图。

(6) 设备、仪表明细 设备、仪表分类列表,注明名称、代号、规格型号、主要设计性能参数等。

操作指南是正常生产期间操作参数调整方法和异常处理的操作要求。

基础操作规程是装置进行各类复杂操作的基本操作步骤,主要描述机泵等通用设备的开停和切换规程。

事故处理预案是装置发生一般生产事故或操作大幅度波动的状态下,避免扩大事故范围,使事故向可控制的方向发展,达到最终安全受控状态的处理步骤。作用是帮助操作人员判明事故真相,决策处理目标,明确操作处理方案。

有条件的装置还应编制操作卡,做到持卡操作,步步确认。

18 检修维修规程有哪些内容?

检修维修规程包括各类设备结构与性能、设备完好标准、维护保养要求、检修维修技术要求、维护检修中的安全技术要求。

19 安全规程有哪些内容？

安全规程包括：安全知识；安全规定；装置安全技术装备；装置消防设施及分布；装置环保设施；装置防冻防凝措施；本装置历史上发生的主要事故、处理方法及经验教训；本装置主要药剂性质、毒害性及防护措施；装置污染物主要排放部位和排放的主要污染物等，安全规程可以单行本印刷，也可以附在操作规程后面。

第二章 ▶ 污水处理厂的技术管理

第一节 污水处理厂的工艺条件与单元效率管理

1 酸碱废水中和原理是什么？

中和一般采用石灰碱液［主要成分为 $Ca(OH)_2$］作为中和剂，其基本原理是酸碱中和反应，生成盐和水。离子反应式如下：

$$OH^- + H^+ \longrightarrow H_2O$$

2 污泥脱水絮凝原理是什么？

污泥采用脱水机需通过药剂絮凝后才能实现泥水分离。一般采用的絮凝剂是阴（阳）离子聚丙烯酰胺（PAM），其分子有着强烈的吸附、架桥作用，且分子链很长，与废水悬浮颗粒接触，悬浮颗粒被吸附在分子链周围，在悬浮颗粒间起到架桥作用，形成网状结构，使细小的悬浮颗粒凝聚成较大颗粒的絮凝体，从而提高了悬浮物沉淀效果和污泥脱水性能。

3 废水均质调节原理是什么？

无论工业企业还是居民生活废水排放的水量、水质都是随时间的推移不断变化，有高峰流量和低峰流量，也有高峰浓度和低峰浓度。流量和浓度的不均匀往往会给处理设备带来不少的困难，或使其无法保持在最优的工艺条件下运行；或使其短时无法工作，甚至遭受破坏。为了改善废水处理设备的工作条件，需要对水量、水质进行均和调节。均质调节在污水处理厂采用的构筑物称为调节池。调节池的种类一般有以下三种。

（1）水量调节池 一般要求只调节水量，只需设置简单的水池，保持必要的调节池容积并使出水均匀即可。如泵站前吸水池。

（2）水质调节池 为使废水水质达到均匀，调节池在构造上和功能上采取如下措施。

① 穿孔导流槽式调节池。即同时进入调节池的废水，由于流程长短不同，使前后进入调节池的废水相混合，以此来均和水质。

② 增加搅拌设备。可在调节池内增设空气搅拌、机械搅拌、水利搅拌等。

（3）事故调节池 如果生产过程中发生泄漏或事故等周期性冲击负荷时，设置事故调节池，可起分流贮水作用，待事故结束后，将事故废水小流量排出，以保护处理系统不受冲击。

4 **废水中和装置基本工艺流程是什么？**

如图 2-1 所示，根据废水水量、水质情况，中和装置基本工艺流程要具备均质反应池、混合反应池、沉淀池以及污泥脱水装置。

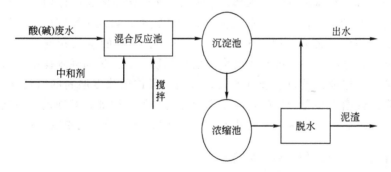

图 2-1　酸碱废水投药中和工艺流程

5 **酸碱废水处理的一般原则是什么？**

（1）高浓度酸碱废水，应优先考虑回收利用的废水处理法，根据水质、水量和不同工艺要求，进行厂区或地区性调度，尽量重复使用，如重复使用有困难，或浓度偏低、水量较大，可采用浓缩的废水处理法回收酸碱。

（2）低浓度的酸碱废水，如酸洗槽的清洗水、碱洗槽的漂洗水，应进行中和废水处理。对于中和处理，应首先考虑以废治废的废水处理原则。如酸、碱废水相互中和或利用废碱（渣）中和酸性废水，利用废酸中和碱性废水。在没有这些条件时，可采用中和剂处理废水。

6 **酸性废水如何中和处理？**

酸性废水的中和剂有石灰（CaO）、石灰石（$CaCO_3$）、碳酸钠（Na_2CO_3）、苛性钠（NaOH），也可以用化学软水排出的废渣（成分为 $CaCO_3$）及有机化工厂乙炔站排出的电石渣［成分为$Ca(OH)_2$］。另外，热电厂的炉灰渣、硼酸厂的硼泥、钢厂或电石厂的碎石灰等，均可用来中和酸性废水。

7 **碱性废水有哪些危害？**

碱性废水和酸性废水一样，是所有工业废水中最常见的一种污水。如果不经过处理就直接排放，将腐蚀管道、渠道和水工建筑物；排入水体后将改变水体的 pH 值，影响水体的自净作用，破坏河流的自然生态，导致水生资源减少或毁灭；渗入土壤则造成土质的盐碱化，破坏土层的疏松状态，影响农作物的生长和增产。另外，含碱废水中一般都含有大量的有机物，会大量消耗水体中的溶解氧，造成鱼类缺氧窒息死亡。人类如果饮用浓度偏高的碱性水，新陈代谢将会受到影响，导致消化系统失调。因此，必须进行适当的处理后，使废水 pH 值处于 6～9 之间，方能排放到受纳水体。

8 **碱性废水如何中和处理？**

中和处理碱性废水的方法有两种：投酸中和法和利用酸性废水及废气的中和法。

投酸中和法处理碱性废水时，常用的酸性中和剂有硫酸、盐酸及压缩二氧化碳。采用无机酸中和碱性废水的工艺流程与设备，和投药中和酸性废水时基本相同。用 CO_2 气体中和碱性废水时，为使气液充分接触反应，常采用逆流接触的反应塔（CO_2 气体从塔底吹入，以微小气泡上升；而废水从塔顶喷淋而下）。用 CO_2 作中和剂的优点在于，由于 pH 值不会低于 6，因此不需要 pH 值控制装置。

烟道气中含有高达 24％ 的 CO_2，有时还含有少量 SO_2 及 H_2S，故可用来中和碱性废水，其中和产物 Na_2CO_3、Na_2SO_4、Na_2S 均为弱酸强碱盐，具有一定的碱性，因此酸性物质必须超量供应。

污泥消化时获得的沼气中含有 25％～35％ 的 CO_2 气体，如经水洗，可部分溶入水中，再用以中和碱性废水，也能获得一定效果。

9 **如何用生石灰配制石灰乳液？**

生石灰与水发生反应生成熟石灰的过程，称为石灰的熟化，又称消解或消化。其反应式如下：

$$CaO + H_2O \longrightarrow Ca(OH)_2 \downarrow$$

生石灰消解为石灰乳液多用滚筒式石灰消解机来消化。生石灰通过皮带传送进入消解机，根据石灰质量以及消解机功率，通过加入适量的进水，来调节碱液浓度。石灰与水的配比为 1∶4 的比率，根据石灰的 CaO 含量可适当调节水量，保证石灰乳液浓度在 2000mmol/L 以上。

10 **含硫酸性废水碱中和过程中为何出现结垢问题？如何防治？**

在含硫酸性废水碱中和处理过程中，最棘手的问题是硫酸钙结垢。管道结垢后使管道缩径、排量减小及管道堵塞。硫酸钙垢是黄白色坚硬致密的固体，常混在碳酸盐垢中。其反应式如下：

$$H_2SO_4 + Ca(OH)_2 \longrightarrow CaSO_4 \downarrow + 2H_2O$$

国内外总结出很多行之有效的除垢方法，一般有物理法和化学法。对于形成周期短、质地较疏松的垢层，最便捷的去除方法是高压水冲洗，而对于致密、坚硬的垢层，可采用机械破碎方式去除，若物理方法难去除，则可考虑化学方法来去除。化学除垢法常用的有烧碱处理法、碱煮-酸洗法和加络合剂法等。

11 **如何进行酸性废水投药中和？**

酸性废水中和剂有生石灰（CaO）、碳酸钙（$CaCO_3$）、碳酸钠

（Na_2CO_3）、苛性钠（$NaOH$），也可以利用化工厂排出的电石渣[其主要成分为 $Ca(OH)_2$]，因地制宜地用来中和酸性废水。

石灰是最常用的中和剂。采用石灰可以中和任何浓度的酸性废水，且 $Ca(OH)_2$ 对废水的杂质具有凝聚作用，有利于废水处理。石灰投加方法一般采用干投法和湿投法。

干投法是根据废水的含酸量将石灰直接投入废水中去，为了保证石灰能均匀地投入池中，一般装设石灰振荡设备，沉淀后进入沉淀池将沉渣和杂质沉淀分离。干投法设备简单，但反应不彻底，反应较慢，并且投加量较大，为理论值的 $1.4 \sim 1.5$ 倍，石灰还需经破碎、筛分，因而劳动强度大，环境条件差。

湿投法是首先将生灰石在消解机内进行消解，制成浓度为 $10\% \sim 20\%$、碱度大于 $2000mmol/L$ 的碱液，用泵打入碱液贮池内贮存。当生产需要时，用泵将碱液打入反应池内。湿投法与干投法相比设备多，但湿投法中和时反应迅速、彻底，投加量较少，仅为理论值的 $1.05 \sim 1.10$ 倍。

12 进入生化处理前为什么要先进行废水预处理？

废水在生化处理前的处理过程一般称为废水预处理，所采用的处理单元组合称为预处理工艺。废水生化处理费用低、控制简单、运行稳定，一般工业废水处理都采用生化法处理。然而，工业废水成分复杂，水中多含有某些对微生物有抑制、毒害作用的有机物质，因此，废水在进入生化处理前必须进行必要的预处理过程。

13 废水预处理的目的与任务有哪些？

预处理的目的是：将废水中对微生物有抑制、毒害作用的有机物质尽可能地削减、去除，保证生化处理微生物正常、有效、良好地发挥功能；同时，预沉、混凝、澄清、过滤、软化、消毒等预处理过程能削减一定量的 COD 负荷，减轻生化运行负担，提升运行效果。

预处理的任务是：去除废水中的悬浮物、胶体物和部分有机物；降低生物物质，如浮游生物、藻类和细菌；去除重金属，如铁、锰等。

14 **废水中污染物有哪几种存在形式？**

废水中污染物存在形式有悬浮态、胶体态、溶解态。

15 **什么是重力分离？**

重力分离法是依靠废水中悬浮物与废水密度不同这一特点，去除废水中悬浮物质的一种方法。当悬浮物的密度大于废水密度时，在重力作用下，悬浮物下沉形成沉淀物。当悬浮物的密度小于废水密度时，悬浮物上升到水面，通过收集沉淀物与上浮物，可使废水净化。重力沉淀法可以去除废水中的砂粒、化学沉淀物、化学混凝处理所形成的化学絮凝体和生物处理形成的生物污泥，也可以用于污泥浓缩。重力上浮法主要用于去除废水中的油分及密度小于废水的成分（如苯等）。重力沉淀与重力上浮的基本原理和特性是相同的。

16 **什么是沉淀？**

沉淀是水中的固体物质（主要是可沉淀固体）在重力作用下下沉，从而与水分离的一种过程。

17 **沉淀有哪些类型？**

根据废水中可沉淀物质的性质、凝聚性能的强弱及其浓度的高低，沉淀可分为四种类型。

（1）第一类——自由沉淀　废水中的悬浮固体浓度不大，颗粒之间不具有凝聚性能，在沉淀过程中，固体颗粒不改变形状和尺寸，颗粒间也不互相黏合，各自进行独立的沉降，这时认为是一种自由沉降过程。颗粒在沉砂池和初次沉淀池内的初期沉淀即属于此类。

（2）第二类——絮凝沉淀　废水中的悬浮固体浓度也不大，但颗粒之间具有凝聚的性能，在沉淀过程中，颗粒互相黏合，结合成较大的絮凝体，改变颗粒的大小和形状，从而改变了原有的沉淀速度，这种沉淀过程称为絮凝沉淀，初次沉淀池的后期沉淀及二次沉淀池的初期沉淀就属于这种类型。

(3) 第三类——集团沉淀（也称成层沉淀） 废水中悬浮颗粒的浓度相当高，每个颗粒在沉降过程中都有所减小，原来沉淀速度较大的颗粒下沉时再也赶不上沉淀速度小的颗粒，在聚合力的作用下，颗粒群结合成为一个整体，各自保持相对不变的位置，共同下沉。液体与颗粒群之间，形成清晰界面。沉淀的过程，实质上就是这个界面的下降过程。活性污泥在二次沉淀池的后期沉淀就属于这种类型。

(4) 第四类——压缩沉淀 当悬浮物浓度很高，颗粒之间距离很小时，颗粒互相接触，互相支承，在上层颗粒的重力作用下，下层颗粒间隙中的液体被挤出界面，固体颗粒群被浓缩压密。活性污泥在二次沉淀池污泥斗中和在浓缩池的浓缩即属于这一过程。

在二次沉淀池中的活性污泥能够依次地经历上述四种类型的沉淀，如图 2-2 所示。活性污泥的自由沉淀过程是比较短促的，很快就过渡到絮凝沉淀阶段，而在沉淀池内的大部分时间都属于集团沉淀和压缩沉淀。

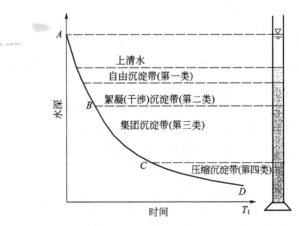

图 2-2 活性污泥的沉淀特征

从 B 点开始即为泥水界面的沉淀曲线。

18 **什么是沉淀池？**

沉淀池是废水处理最基本的构筑物。废水中的悬浮物质，在沉淀池内通过重力沉淀过程实现与废水分离，从而废水得到净化。

19 **沉淀池如何分类？**

沉淀池按工作情况可分为间歇式和连续式两种。间歇式沉淀池的工作情况是，在水注满池后，让水在池中静止一段时间，使水中悬浮物质下沉，以后将水完全排空，并清除沉淀下来的污泥，然后，再重新进水。这种沉淀池在城市生活污水处理中很少采用，在化工废水处理中，适用于间歇式沉淀池产生的少量废水。连续式沉淀池适用于水量较大的废水处理。

按沉淀池安设位置来划分，沉淀池用于生化处理构筑物之前，称为初次沉淀池，也称一次沉淀池；用于生化处理构筑物之后，则称为二次沉淀池。

按水流方向，沉淀池可分为平流式、辐流式和竖流式三种。

20 **沉淀池可在哪些方面进行改进？**

初沉池是使用最广泛的一种处理构筑物，在二级生化处理中，生化处理效果的好坏，在一定程度上取决于初沉池的工作情况。

普通的初沉池存在两个缺点：其一是沉淀效率低，一般只有 40%～60%；其二是池体庞大，占地面积较大。

为了提高沉淀池的分离效果和处理能力，就必须采取以下措施：一是从原水水质方面着手，采取措施，改变废水中悬浮物质的状态，使其易于与水分离沉淀，通常是进行预曝气；二是从沉淀池的结构方面着手，创造更宜于颗粒沉淀分离的边界条件，通常采取对普通沉淀池进行改进的各种新型沉淀池。如采用撇水式沉淀池、向心辐流式沉淀池、斜流式沉淀池［斜板（管）沉淀池］等。

21 **平流式沉淀池的构造及工作特征是什么？**

平流式沉淀池的平面呈长方形，废水从池的一端流入，从另一端流出。沉淀池的长多为 30～50m，宽一般为 5～10m，长宽比不小于 4，有效水深不大于 3.0m，一般为 2.5～3.0m。常见的平流式沉淀池如图 2-3 所示。

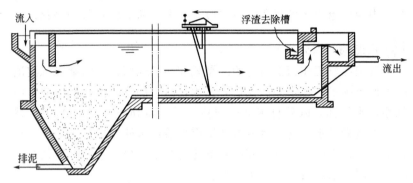

图 2-3 常见的平流式沉淀池

平流式沉淀池的工作特征是：废水在池内呈水平方向流动，流速保持不变，粒径和密度较大的颗粒首先在沉淀池前部沉降。因此，沉淀池的前部污泥较多，后部较少。

平流式沉淀池的缺点是：排泥困难，占地面积大。优点是：建造容易，废水容量大，沉淀效果好，工作稳定，宜用于大、中型废水处理厂。

22 竖流式沉淀池的构造及工作特征是什么？

竖流式沉淀池的表面多呈圆形，也有方形或多角形的。直径或边长一般在 8m 以下，多介于 4～7m 之间，池径与池深比一般不超过 3。沉淀池上部呈圆柱状部分为沉淀区，下部呈截头圆锥状部分为污泥区，两区之间有 0.3m 的缓冲层（图 2-4）。

废水从中心管流入，由下部流出，由于反射板的阻拦向四周分布，然后沿池子的整个断面缓慢上升，澄清后的废水由池四周溢出。流出区设于池周，采用自由堰或三角堰。

贮泥斗倾角为 50°～60°，污泥靠静水压力由排泥管排出，静水压力为 1.5～2.0m 水头。为了防止漂浮物外溢，在出口附近设置挡板，挡板伸入水中深度为 0.25～0.3m，伸出水面高度为 0.1～0.2m。

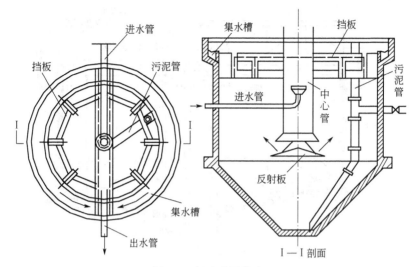

图 2-4　竖流式沉淀池

竖流式沉淀池的工作特征是：废水以速度 v 向上流动，悬浮颗粒也以同样速度上升，在重力作用下，颗粒又以 u 的速度下沉。颗粒的沉速为其本身沉速与水流上升速度之和。$u>v$ 的颗粒能够沉于池底而被去除，$u=v$ 的颗粒滞留在池内呈悬浮状态，而 $u<v$ 的颗粒则随水流带走。在这种沉淀池中，悬浮颗粒有些下沉，有些上升，于是增加了互相接触的机会，促进了颗粒的絮凝，使粒径变大，u 值也随之增大，从而增加了颗粒去除机会。但由于池内布水不易均匀，去除率的提高受到影响。

竖流式沉淀池的优点是：排泥容易，不需要机械刮泥设备，便于管理。缺点是：池深大，施工难度大，造价高，池容量小，水流分布不易均匀。这种结构的竖流式沉淀池适用于中、小型废水处理厂。

23 辐流式沉淀池的构造及工作特征是什么？

辐流式沉淀池是直径较大的圆形池，如图 2-5 所示。它的直径一般为 $20\sim30m$，最大可达到 $50\sim100m$，池中的深度为 $2.5\sim5.0m$，由于废水由池中心处流出按半径方向向池周流动，故称辐

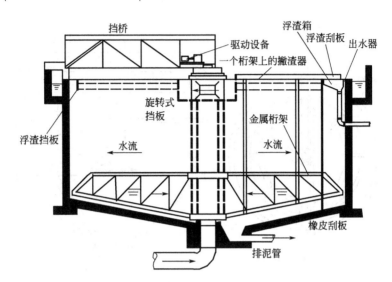

图 2-5 辐流式沉淀池（机械排泥）

流式，其水力特征是废水的流速由大向小变化。

辐流式沉淀池的中心处设有中心管，废水从池底的进水管进入中心管，在中心管的周围常用穿孔挡板围成流入区，使废水在沉淀池内得以均匀流动。流出区设于池周，常采用三角堰或淹没式溢流孔。为了拦截表面上的漂浮物质，在出流堰前设挡板和浮渣的收集、排出设备。池底坡度一般为 0.06~0.08。

辐流式沉淀池的工作特征是：由于池内废水流速沿池半径方向由大变小，所以接近中心处的流速最大，靠近池周边的流速要小得多，较重的颗粒在中心处沉降，较轻的颗粒在池周边沉降。这种沉淀池也具有竖流式沉淀池的水流上升的作用，所以沉淀效果比平流式沉淀池好。辐流式沉淀池的运行参数主要有表面负荷和沉淀时间。化工废水在辐流式沉淀池中的表面负荷为 2~3.6m^3/($m^2 \cdot h$)，沉淀时间为 1.5~2.0h。

辐流式沉淀池的优点是：容积大，适用于大型废水处理厂。缺点是：排泥设备庞大、复杂，维护困难，造价高。

辐流式沉淀池应用范围较广，城市生活污水和各种类型的工业废水都可以使用，既能作初次沉淀池，也可以作二次沉淀池。

24 预曝气沉淀池的构造及工作特征是什么？

普通沉淀池的沉淀效率低，是因为废水中含有大量的密度接近于水的微小颗粒。使这些颗粒沉淀分离，一般采用使其产生絮凝作用的措施，有投加混凝剂和预曝气两种方法。

所谓预曝气就是在废水进入沉淀池之前，首先进行短时间（10～20min）的曝气，城市生活污水和化工废水中悬浮物质具有自行絮凝的性能，通过预曝气使废水中的这些微小颗粒互相碰撞，互相粘接，产生絮凝作用，使颗粒变大，从而有利于沉淀分离。

目前通常的预曝气有两种类型：一是单纯曝气，即仅仅进行曝气，不投加任何物质，进行的是自然絮凝，这一方法可使沉淀池效率提高 5%～8%，每 $1m^3$ 污水的曝气量为 $0.5m^3$；二是在曝气的同时加入生物污泥，产生生物絮凝，以提高沉淀池的分离效率，活性污泥具有较大的生物絮凝作用，采用这种方法可使沉淀池的沉淀效率达到 80% 以上，同时，BOD_5 去除率也能够增加 15% 以上。活性污泥的投加量一般为 100～400mg/L。

预曝气或生物絮凝一般在专设的构筑物——预曝气池或生物絮凝池内进行。有时也采取预曝气与沉淀合建为一池，即预曝气沉淀池。当预曝气与平流式沉淀池合建时，池的前部为预曝气部分；当预曝气与竖流式或辐流式沉淀池合建时，预曝气部分位于池中央处。图 2-6 所示为形成悬浮物层的一种预曝气。废水由预曝气室的周边进入预曝气室，在室内形成旋流，然后由下部溢出，通过在底部形成的悬浮层进入沉淀室。

预曝气使用的曝气装置，与生化处理曝气池使用的相同。

预曝气的作用除上述外，还能够逐出废水中的有害气体和挥发性物质（如硫化氢、硝基物、酚类等）。对于毒性较大或有害物浓度较高的废水不宜采用预曝气，否则会造成严重的二次污染。

25 撇水式沉淀池的构造及工作特征是什么？

图 2-7 所示为撇水式沉淀池。池子中心有一个空心竖管，与进

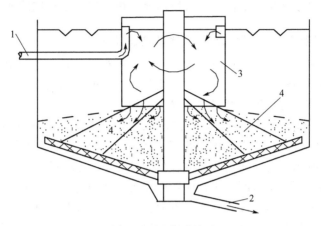

图 2-6 预曝气澄清池

1—污水入口；2—污泥排出管；

3—预曝气池；4—污泥悬浮层

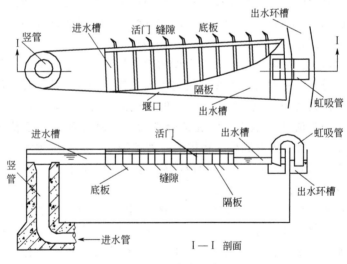

图 2-7 撇水式沉淀池

水管连通，池周有出水环槽，横跨池面设一个悬槽，用电动机驱动，能绕池心回转。悬槽身用弧形隔板分为前后两部分：前侧为出水槽，用虹吸管与池周出水环槽连通；后侧为进水槽，与中心竖管连通。悬槽的出水槽前壁是堰口，槽的过水断面随槽中水流流向从小到大；外端底部下陷成坑，容纳虹吸管的一端。进水槽的过水断面随槽中水流流向从大到小，槽的外侧设一系列叶片式活门，调节活门可以控制出流水流；槽的底板上开一系列平行缝隙，缝间的钢板向下方倾斜，使泥不至于积存槽内。

这种沉淀池的主要特点是废水在池内处于静止状态，悬浮颗粒的沉淀条件基本上与静止沉淀相同，因此，可以提高沉淀池的沉淀效率。

26 **向心辐流式沉淀池的构造及工作特征是什么？**

一般辐流式沉淀池，在池子中央进水，而在池子的周边出水，进口处流速很大，呈紊流现象，影响沉淀池的分离效果。而向心辐流式沉淀池与此恰好相反，在池子周边进水，而在接近中央的池面出水，如图 2-8 所示。

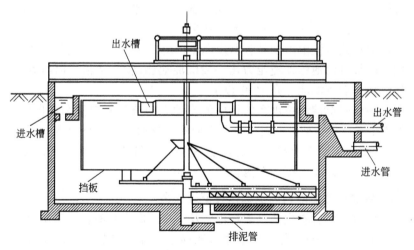

图 2-8 向心辐流式沉淀池

原废水流入位于池周的进水槽中，在进水槽底留有进水孔，原废水通过进水孔均匀地进入池内，在进水孔下侧设有进水挡板，伸入水下约 1/3 处，这样有利于均匀布水。而且废水进入沉淀区的流速要小得多，有利于悬浮颗粒的沉淀。出水槽长度约为进水槽的1/3，池中水流的流速从低到高，有助于水流的稳定。这种沉淀池的处理能力比一般辐流式沉淀池可提高一倍。

27 **斜流式沉淀池——斜板（管）沉淀池的构造及工作特征是什么？**

　　早在1904年哈真就提出了"浅层沉淀"理论，即沉淀池的沉淀效率是颗粒沉淀速度的函数而与池深无关。因此，沉淀池可尽量地造得浅些，基于这种理论出现了斜流式沉淀池。

　　斜流式沉淀池是在普通沉淀池中安装一系列平行斜板或斜管而构成的。图2-9所示为普通沉淀池经改造后所形成的斜流式沉淀池。水流从平行板或管道的一端流至另一端。每两块斜板间或每根管内都相当于一个很浅的小沉淀池。这种沉淀池具有以下特点：单位池体积中的沉淀面积大大增加；由于水流在板间或管内具有较大的湿周、较小的水力半径，故雷诺数小，固体和液体在层流条件下分离，使沉淀效率大为提高；因颗粒沉淀的距离小，沉淀时间也大大缩短；有利于排泥，由于斜板或斜管与水平成50°～60°的角度，所以污泥能自动滑到池底，无需刮泥设备。

　　斜流式沉淀池由于具有上述优点，所以近年来在国内外广为采用。斜板沉淀池的处理能力比一般沉淀池能高3～7倍，而斜管沉淀池比一般沉淀池能高10倍以上。

　　斜流式沉淀池按水在斜板中的流动方向分为斜向流和横向流，如图2-9所示。而斜向流又分为上向流（异向流）和下向流（同向流）；按水流断面形状分，有斜板和斜管。目前，在废水处理中，主要采用上向流斜板沉淀池，如图2-10所示。

28 **焦油沉淀池的构造及工作特征是什么？**

　　废水中如含有焦油（如焦化厂及煤气厂废水）时，由于重焦油密度大于$1g/cm^3$，加之废水中可能存在一部分煤灰渣以及少量密度大于$1g/cm^3$的轻油，此时，可通过特殊的焦油沉淀池进行重力分离。

　　焦油沉淀池有多斗式和竖流式两种。

　　平流式焦油沉淀池有多斗式和平底式，多斗式便于收集重焦油

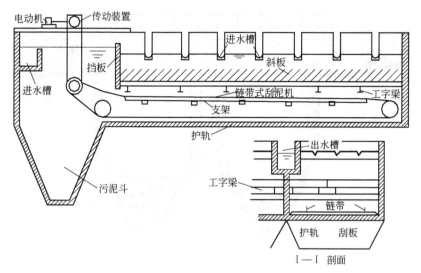

图 2-9　斜流式沉淀池

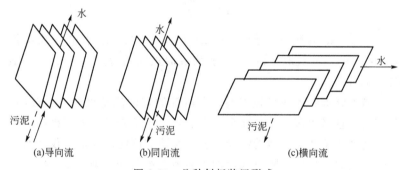

图 2-10　几种斜板装置形式

(图 2-11)。为了使沉积的焦油具有一定的流动性，焦油斗一般设加热盘管使焦油废水加热至 70℃，焦油可用泵抽至池外。轻焦油可通过水面焦油管收集排出池外。

平流式焦油沉淀池水平流速控制在 $1\sim1.2\text{m/s}$，沉淀时间为 $2\sim3\text{h}$，沉淀池的工作水深为 $1\sim2\text{m}$，缓冲层高度一般为 0.5m，池底的倾角不小于 45°，焦油沉淀池的个数不少于 2 个。

废水中沉淀的焦油量应按实测确定。一般可按每 1m^3 废水沉

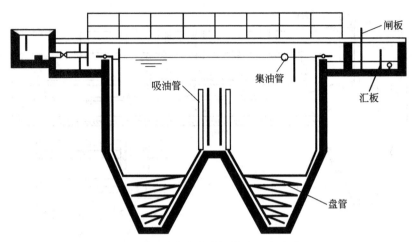

图 2-11 平流式焦油沉淀池（多斗式）

淀 1kg 焦油计算。沉淀焦油的总量 $G(\mathrm{m^3/h})$ 为：

$$G = \frac{QC}{1000\gamma}$$

式中，Q 为废水流量，$\mathrm{m^3/h}$；C 为每 $1\mathrm{m^3}$ 废水中焦油沉淀量，$\mathrm{kg/m^3}$，一般取 $1\mathrm{kg/m^3}$；γ 为沉淀焦油的容重，$\mathrm{t/m^3}$，一般取 $1.1\mathrm{t/m^3}$。

如果废水中煤灰渣较多时，所沉淀的焦油流动性变差，此时，沉淀池不宜采用多斗式，而采用平底式，沉淀物可用抓斗排出。

竖流式焦油沉淀池的结构与普通竖流式沉淀池相似，仅在水面增设轻焦油收集槽。竖流式焦油沉淀池停留时间一般为 2～4h，废水在沉淀区上升流速为 0.25m/s。如果用刮板收集底部焦油时，刮板线速度为 5～8m/min，如采用斗式排泥，池底倾角不小于 45°。污泥斗设有加热设施，以便能顺利地将焦油排走。

轻焦油上浮至水面，通过设在池中心管外围的环形轻焦油收焦槽收集并排出。

㉙ 炼油废水中油品有哪些存在状态？

炼油废水中油品，其密度一般都小于 $1\mathrm{g/cm^3}$，它们在废水中有三种存在形态。

（1）浮油 是废水中含油量的主要部分，炼油厂废水中这种状态的油品含量占 $60\%\sim80\%$，浮油在废水中分散颗粒较大，易于从废水中分离出来，上浮于水面而被撇除。

（2）乳化油 这种油品分散的粒径很小，呈乳化状态存在，不易从废水中上浮而去除。

（3）溶解油 石油溶于水中的量很小，一般为 $5\sim15mg/L$。

30 隔油池的构造及工作特征是什么？

在石油开采、炼制和石油化工生产中，含油废水的排放量是很大的。例如，一个年产 250 万吨的炼油厂，每小时排出的含油废水可达 $500\sim600m^3$。

这种废水中的油品，浮油易于上浮，可通过隔油池去除。乳化油比较稳定，不易上浮，用一般的隔油池无法去除，常用气浮、过滤、粗粒化等方法去除。

在隔油池中，密度小于 $1g/cm^3$ 且粒径较大的油品杂质上浮于水面，与水分离，密度大于 $1g/cm^3$ 的杂质则沉于池底。所以隔油池同时又是沉淀池，但主要起隔油作用。所以隔油池是用上浮的方法去除废水中密度小于 $1g/cm^3$ 的浮油的处理构筑物。

隔油池的种类很多，目前，国内外普遍采用的是普通平流式隔油池和斜板隔油池。

普通平流式隔油池的构造如图 2-12 所示。废水从池的一端进入，从另一端流出，由于池内水平流速很小，密度小于 $1.0g/cm^3$ 而粒径较大的油品杂质在浮力作用下上浮，并且聚积在池的表面，通过设在池面的集油管和刮油机收集浮油。而密度大于 $1.0g/cm^3$ 的杂质则沉于池底。

刮油机通常是由链条或钢丝绳牵引的。在用链条牵引时，刮油机在池面上刮油，将浮油刮向池末端，而在池底部可以起刮泥作用，将下沉的油泥刮向池出口端的泥斗中，通过排泥管适时排出。排泥管直径一般为 200mm。池底坡向污泥斗坡度为 $0.01\sim0.02$，污泥斗深度一般为 0.5m，底宽不小于 0.4m，侧面倾角不

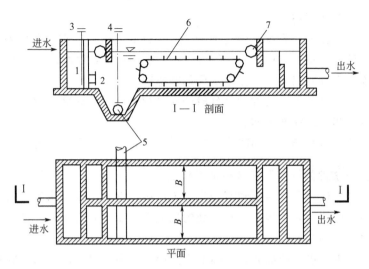

图 2-12 普通平流式隔油池
1—布水间；2—进水孔；3—进水阀；4—排渣阀；
5—排渣管；6—刮油刮泥机；7—集油管

小于 45°。

隔油池的进水端一般采用穿孔墙进水，出水端采用溢流堰。

平流式隔油池一般不少于两个，池深为 1.5～2.0m，超高 0.4m，每单格的长宽比不小于 4，工作水深与每格宽度之比不小于 0.4，池内流速一般为 2～5mm/s，停留时间一般为 1.5～2.0h。

为了保证隔油池正常工作，池表面通常用盖板覆盖，覆盖的作用包括防火、防雨、保温及防止油气散发，污染大气。在寒冷地区，为了增大油的流动性，隔油池内设有蒸汽加温设施。

31 **什么是气浮法？其原理是什么？**

气浮法是利用高度分散的微小气泡作为载体去黏附废水中的悬浮物，使其视密度小于水而上浮到水面实现固液分离的过程。

气浮过程包括气泡产生、气泡与颗粒（固体或液滴）附着以及上浮分离等连续过程。实现气浮法分离的必要条件有两个：第一，必须向水中提供足够数量的微细气泡，气泡理想尺寸为 15～

30μm；第二，必须使被分离物质呈悬浮状态或具有疏水性质，从而附着于气泡上浮。

为了提高处理效果，常常在废水中首先加入气浮剂或凝聚剂，使亲水物质变为疏水物质，使细小的油珠及其他微细颗粒凝聚成较大絮凝体颗粒，然后形成气泡-絮凝体颗粒结合体加速上浮。

气浮的过程大体上由下列四个步骤来完成：在废水中投加气浮剂或凝聚剂，使细小的悬浮颗粒变成疏水颗粒或絮凝体；尽可能多地产生微细气泡；形成良好的气泡-油粒结合体或气泡-絮凝体颗粒结合体；使结合体与废水分离。

32 气浮分哪几类？

按气泡产生的方法，可分为溶气气浮法、喷射气浮法、机械细碎空气气浮法、多孔材料鼓风布气气浮法和电解气浮法。国内目前常用的有加压气浮法、喷射气浮法和韦姆科（WEMCO）气浮法（机械细碎空气气浮法）。

33 什么是加压溶气气浮法？

加压溶气气浮法是用水泵将废水送入溶气罐，加压到 0.3～0.5MPa；同时注入空气，使其在压力下溶解于废水；一般溶气时间为 1～3min。然后废水通过释放器进入气浮池，溶入废水中的空气由于突然减到常压，便形成无数细小的气泡逸出，从而实现上浮。

加压溶气气浮法与其他气浮法相比的主要优点是气泡直径小，一般为 12～20μm，在供气量相同时，气泡吸附时的比表面积就大，气泡上浮速度减慢，与吸附质点的接触时间增加，可以提高上浮效果。因此加压溶气气浮法在工业上获得广泛应用。

34 加压溶气气浮法分哪几种？

加压溶气气浮法的处理流程主要有以下三种。

（1）全部废水加压溶气气浮流程　如图 2-13(a) 所示，这种流程是将全部污水加压送入溶气罐，同时在污水中加药絮凝。属于气泡析出型的气浮分离。

（2）部分废水加压溶气气浮流程　如图 2-13（b）所示，这种流程是将一部分废水（例如 30％～50％）加压溶气，其余污水直接进气浮分离池的混合室，与溶气水在混合室内充分混合，然后分离。属于气泡接触型的气浮分离。

（3）部分回流废水加压溶气气浮流程　如图 2-13（c）所示，这种流程是将气浮处理后的一部分水（一般为处理量的 30％～50％）回流加压溶气，而全部废水经加药絮凝进入气浮分离池的混合室，在混合室与溶气水充分接触混合。属于气泡接触型的气浮分离。

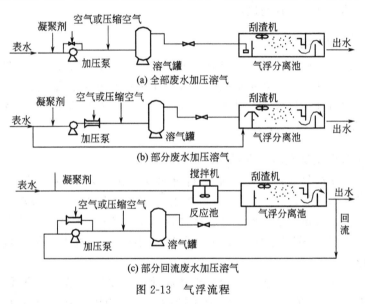

(a) 全部废水加压溶气

(b) 部分废水加压溶气

(c) 部分回流废水加压溶气

图 2-13　气浮流程

目前常用的是部分回流废水加压溶气气浮流程。根据水质的要求也可以采用二级串联气浮。

加压溶气气浮流程的主要设备有气浮池、溶气罐等。

35 吸附的类型有哪些？

根据固体表面吸附力的不同，吸附分为物理吸附、化学吸附、交换吸附。通常情况下几种吸附会同时存在，一般低温时物理吸附，高温时化学吸附。

（1）物理吸附　通过分子间力（范德华力）而产生的吸附。特点是没有选择性，吸附质并不固定在吸附剂表面的专门格点上，在界面范围内可自由移动，吸附速度快。

（2）化学吸附　通过化学键力等化学作用而产生的吸附。特点是具有选择性，吸附速度慢。

（3）交换吸附　通过静电引力作用，包括离子交换。其主要因素是离子电荷、水合半径的大小。

36 常用的吸附剂有哪些？

吸附剂多为多孔或磨得很细的物质，由于具有巨大的比表面积，因而有明显的吸附性能。常用的吸附剂有活性炭、磺化煤、沸石、活性白土、硅藻土、腐殖质、焦炭、木炭、木屑等。

37 废水预处理工艺中去除铁的主要方法有哪些？

（1）空气曝气法　去除锰、铁，空气曝气是应用最多的一种方法。目的是为了向水中溶入氧，散去 CO_2 提高 pH 值，使 Fe^{2+} 向 Fe^{3+} 转化，然后形成 $Fe(OH)_3$ 的絮凝体沉淀过滤而除去。

曝气的方式有水射式曝气、跌水曝气、空气压缩机曝气、淋水或喷水曝气、曝气塔曝气等。

（2）氯氧化法　氯是比溶解氧更强的氧化剂，能迅速地将二价铁氧化成三价铁。可减少反应和沉淀时间，简化处理系统，在 pH 值为 4～10 的范围内都可发生。

当水中含铵盐或含氮有机物时，加氯量增大。

（3）高锰酸钾氧化法　用于处理硬度较大的含铁地下水。高锰酸钾是比氯和氧更强烈的氧化剂，能迅速地将二价铁氧化成三价铁，生成密实的絮凝体，易于为砂滤池所截留。

（4）接触过滤法　以硫酸锰、氯化锰和高锰酸钾反复处理锰砂、绿砂、人造沸石或其他阴离子交换剂，可使之表面附着一层高价锰的氧化物，当含铁水通过这种滤料时，二价铁便被氧化除去。适合于处理含铁浓度不超过 10mg/L 的原水。

（5）离子交换法　水中溶解的亚铁离子可用离子交换法除去，

除去的过程和软化法一样。适用于水需同时软化，且要求水中无氧气，不含二价铁离子以外的其他形式的铁质。

（6）化学沉淀法　加入石灰后，水中产生 $FeCO_3$ 沉淀出来，然后直接由过滤除去。在 pH 值为 $8.0 \sim 8.5$ 就可以发生反应，要求水中没有氧气，一般需要一个密闭的压力混合反应器和压力滤池系统。

（7）混凝沉淀过滤法　当地下水含有有机铁或胶体状铁时，一般氧化法不能将铁去除，需用混凝剂，通过混凝、沉淀、过滤可获得良好的效果。

（8）电解法　在金属铝电极间通过原水，由水电解产生新生氧而氧化水中亚铁盐，同时从电极中放出的铝离子可生成氢氧化铝，吸附悬浊的铁氧化物，进行凝聚、沉淀、过滤。其反应式如下：

$$H_2O \longrightarrow H_2 \uparrow + \frac{1}{2}O_2$$

$$2Fe(HCO_3)_2 + \frac{1}{2}O_2 + H_2O \longrightarrow 2Fe(OH)_3 + 4CO_2 \uparrow$$

$$2Al^{3+} + 6H_2O + 6e^- \longrightarrow 2Al(OH)_3 + 3H_2 \uparrow$$

（9）用铁细菌处理法　利用铁细菌可以使水中溶解的铁氧化为不溶性的 Fe^{3+} 而聚集起来。如发式纤毛细菌、赫氏纤毛细菌、含铁嘉氏铁柄杆菌、多胞铁细菌等。操作简单，费用低廉，是一种慢速过滤法，适宜于水量小的情况。

38 什么是废水水解酸化工艺？

高分子有机物的厌氧降解过程可以被分为 4 个阶段：水解阶段、发酵（或酸化）阶段、产乙酸阶段和产甲烷阶段。水解酸化工艺就是将厌氧降解控制在水解、酸化过程的工艺。其机理主要包括两方面：首先是在细菌胞外酶的作用下，将复杂的大分子不溶性有机物水解为简单的小分子水溶性有机物；然后是发酵细菌将水解产物吸收进细胞内，排出挥发性脂肪酸（VFA）、醇类、乳酸等代谢产物。

39 水解酸化工艺有何作用？

对于城市污水处理厂，是将原水中的非溶解性有机物截留并逐步转变为溶解性有机物；对于工业污水，主要是将其中难生物降解物质转变为易生物降解物质，提高废水的可生化性，以利于后续的生物处理。水解酸化工艺可降低污水处理厂的基建投入和运行费用。

40 水解酸化工艺有何优点？

一是可大幅度去除废水中悬浮物，减少污泥量；二是提高废水可生化性，提高出水水质；三是抗水质冲击，为后续工艺提供相对稳定的水质。

41 水解酸化池的形式有哪些？

从水流方向上分，有升流式和平流式。从菌胶团的附着方式上分，有活性污泥式（悬浮生长型）和生物膜式（附着生长型）以及前二者结合的复合式。

42 升流池和平流池有何特点？

升流池类似于澄清池，水从底部进入，上部流出。通过合理布置配水、出水、排泥的方式和位置，可使泥、水充分混合，提高处理效率；如果布置得当，可以既避免在池内产生死泥区，还可使污泥不被出水带出。适宜的上升流速使污泥保持悬浮状态，升流池能够在池内形成并维持一定高度的悬浮污泥层，泥和水充分混合接触，并截留大部分悬浮物。此池型进水方式有连续进水和脉冲进水两种。

平流池类似于平流式沉淀池，多由平流式沉淀池或均质调节池改建而成。平流池最大的问题是如何避免污泥沉淀积聚，所以必须加设搅拌装置和污泥回流装置。放置填料附着生物膜的平流池可以减少或不用污泥回流。平流池极易产生污泥沉淀积聚腐化现象，而对水质产生影响，并逸出异味气体，污染空气。平流池搅拌设施的运行和维修需要较多的日常费用。

43 水解酸化池的主要控制指标有哪些？

水解酸化池的形式很多，控制指标不尽相同，主要指标如下。

（1）微生物总量 水解酸化工艺较好氧工艺需要更多的微生物，污泥浓度可达 $10\sim20g/L$。控制微生物总量可以通过排泥和回流生化污泥来实现。

（2）泥、水混合状态 升流池通过合理的配水、适宜的上升流速可以实现泥、水的充分混合。

（3）泥层高度 升流池的泥层必须控制在一定高度范围内，既能保有足够的微生物，又能避免大水量冲击时大量污泥被冲出。控制泥层高度可通过调节排泥量和污泥回流量来实现。

（4）水力负荷 水力负荷决定了停留时间和上升流速。停留时间决定了能否把反应控制在水解酸化阶段，上升流速决定了泥、水的混合状态。水力负荷的确定是设计阶段最重要的参数。

44 水解酸化工艺的优势菌种是何类型？

参与水解酸化过程的菌种既有厌氧菌又有兼性菌，不同的污水水质及运行管理方式所形成的优势菌种也不同，可能是厌氧菌也可能是兼性菌，不可一概而论。

45 水解酸化反应的评价指标有哪些？

常用指标有以下几种。

（1）挥发性脂肪酸（VFA）含量的变化 有机物经过水解酸化处理后，主要产物有挥发性脂肪酸、醇类、乳酸、二氧化碳、氢气、氨、硫化氢等，测定进出水中 VFA 含量的变化是目前最常用、最方便的评价指标。

（2）挥发性悬浮物（VSS）含量的变化 经过水解酸化，不溶性有机物被水解为可溶性有机物，出水 SS 中的 VSS 占比会减少。此项指标的采样和测定易受各种偶然因素影响，不能完全反映出工艺的运行状态。

（3）NH_3-N 浓度的变化 一般认为，污水中的含氮有机物经水解酸化会产生 NH_3-N，引起 NH_3-N 的升高。焦化废水水解酸

化后 NH_3-N 浓度明显高于进水。但经过实践验证，有些水质并不遵循此推论，NH_3-N 变化不明显，甚至有明显降低。因此，此项指标有相当的适用局限性。

（4）pH 值的变化　污水中糖类、蛋白质、脂肪等大分子物质经水解酸化后，将引起 pH 值下降，测定进出水 pH 值的变化可间接反映水解酸化进行的状况，这是目前工程实践中最为简便的方法之一，但当进水底物浓度较低或含有大量缓冲物质时，这一指标难以适用。

（5）BOD_5/COD 的变化　水解酸化工艺能将难生物降解的大分子物质转化为易生物降解的小分子物质，使 BOD_5/COD 有所提高。此指标应用范围广，准确性高。

46 **为什么不能用 COD 去除率作为水解酸化的评价指标？**

不同的水质经水解酸化后，COD 的变化截然不同。一般来讲，生活污水的 COD 会降低，即水解酸化工艺对 COD 有明显去除率。而对于其他一些水质，出水 COD 可能会高于进水 COD，这是由于复杂有机物在 COD 检测中不能被检测出来，但是水解后的产物可以被检测出 COD。同氨氮浓度变化指标一样，COD 去除率不具备普适性，但对特定水质具有指导性。

47 **如何维持水解酸化工艺的稳定运行？**

维持水解酸化工艺的稳定运行，主要是要防止厌氧降解发展到产甲烷阶段。根据产酸菌和产甲烷菌的不同生化特性，可采取以下几种方法，采用这些方法时，需统筹考虑水解工艺的运行效果，不能顾此失彼。

（1）调节 pH 值法　一般认为，产酸菌所能适应的 pH 值范围较宽，最适宜生长的 pH 值范围为 6.5～7.5，此时其活力最强；但当 pH 值略低于 6.2 或略高于 7.5 时，产酸菌仍然具有较强的生化反应能力。产甲烷菌所能适应的 pH 值范围较窄，一般认为，中温产甲烷菌的最适宜生长 pH 值范围为 6.8～7.2。通过调节水解酸化池内的 pH 值可以抑制产甲烷菌的生长和增殖。是降低还是调高 pH 值,要考虑到后续工艺的需要。提高生物负荷可以产生 VFA 积累,降低 pH 值。

也可以投加酸、碱来降低或升高 pH 值,使 pH 值处在产酸菌有较高活性而产甲烷菌活性较低的范围。有试验显示,pH 值调为碱性有利于 VFA 的产生。

(2) 投加药剂,抑制产甲烷菌 在水解酸化池中通过适量投加 CCl_4、CH_3Cl,对产甲烷菌进行选择性抑制。

(3) 氧抑制 由于产甲烷菌是严格厌氧菌,因此通过让菌胶团与氧接触的方式可以抑制产甲烷菌。在池内微量曝气,使 DO 维持在极低水平,使兼性菌保持活性而产甲烷菌失去活性。

(4) 控制污泥龄 产酸菌与产甲烷菌的比增殖速度相差悬殊,产酸菌的生长周期短,可以采取通过排泥控制污泥龄的方法,抑制产甲烷菌的生长。

48 A/O 工艺原理是什么?

A/O 工艺为 anoxic/oxic(缺氧/好氧)的简称,是生物硝化-脱氮(biological nitrification-denitrification)工艺的一种,亦称前置反硝化脱氮工艺。A/O 工艺流程如图 2-14 所示。

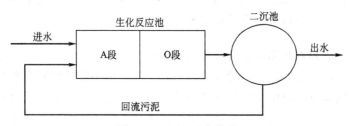

图 2-14 A/O 工艺流程

其中,A 段为缺氧段,亦称反硝化段。该段仅进行回流污泥与废水的混合,为防止污泥沉淀,在底部进行搅拌,不进行供氧。O 段为好氧段,亦称硝化段,该段供氧运行,方式与传统活性污泥法基本相同。两段反应过程如下。

O 段同时进行两种反应。一种是有机物的降解反应,也就是传统活性污泥法中 COD 的去除过程,该反应由好氧菌来完成。废水中的溶解性有机物和某些无机毒物，首先被吸附，由细菌细胞壁为细菌所吸收，细菌再通过自身的生命活动——氧化还原、合成等过程，把一部分被吸附的有机物氧化成简单的无机物，如 CO_2、H_2O、NH_3 等，而把另一部分有机物转化为生物体所必需的营养物，组成新的原生质，使细菌得到增长，有机物得到降解，COD得以去除。

另一种是硝化反应，即氨氮的转化过程，该反应是由一群自养型好氧微生物完成的。它包括两个步骤：第一步反应由亚硝酸菌将氨氮转化为亚硝酸盐；第二步反应由硝酸菌将亚硝酸盐进一步氧化为硝酸盐，亚硝酸菌和硝酸菌统称为硝化菌。这类菌利用无机碳水化合物，如 CO_3^{2-}、HCO_3^- 和 CO_2 作为碳源，从 NH_3、NH_4^+ 或 NO_2^- 的氧化反应中获得能量。硝化反应过程中，将 1g 氨氮氧化成硝酸盐需 4.57g 氧，其中亚硝化反应需氧 3.43g，硝化反应需氧1.14g。亚硝化反应和硝化反应还会消耗水中的重碳酸盐碱度，约合 7.14g $CaCO_3$/g NH_3-N。

A 段主要进行反硝化反应，该反应是由一群异养型微生物完成的，它们多数是兼性的。其重要作用是将硝酸盐或亚硝酸盐还原成气态氮 N_2 或者 N_2O。反应在无分子态氧的条件下进行。在溶解氧浓度极低的环境中，反硝化菌可利用硝酸盐中的氧作为电子受体，有机物则作为碳源及电子提供能量并得到氧化稳定，大多数反硝化菌都能在进行反硝化的同时将 NO_3^- 同化成 NH_4^+ 供细胞合成之用。

49 什么是碱度？

水的碱度是指水中能与 H^+ 结合的 OH^-、CO_3^{2-} 和 HCO_3^- 的含量，以 mmol/L 表示。其中 OH^- 的含量称为氢氧化物碱度，CO_3^{2-} 的含量称为碳酸盐碱度，HCO_3^- 的含量称为重碳酸盐碱度。水中 OH^-、CO_3^{2-}、HCO_3^- 的总含量为水的总碱度。通常在污水处理 A/O 工艺中所说的碱度是指碳酸盐碱度、重碳酸盐碱度之和，不包括氢氧化物碱度。

50 **碱度和 pH 值是什么关系？**

pH 值的定义是水中氢离子浓度的负对数，在污水处理中所说的碱度是指碳酸盐碱度、重碳酸盐碱度，碳酸盐和重碳酸盐在水中含量会对氢离子浓度有一定的影响，但 pH 值和碱度没有必然的关系，也就是 pH 值为某个值时，溶液的组成不同，碱度值会不同。

51 **碱度在 A/O 工艺中有何意义？**

碱度在 A/O 工艺中有特殊的要求。因为 A/O 工艺中存在硝化反应，碱度参与了反应。具体为：在有氧条件下，氨氮被硝化细菌氧化成为亚硝酸盐和硝酸盐。它包括两个基本反应步骤：由亚硝酸菌（*Nitrosomonas sp*）参与的将氨氮转化为亚硝酸盐的反应，由硝酸菌（*Nitrobacter sp*）参与的将亚硝酸盐转化为硝酸盐的反应，亚硝酸菌和硝酸菌都是化能自养菌，它们利用 CO_2、CO_3^{2-}、HCO_3^- 等作为碳源，通过 NH_3、NH_4^+ 或 NO_2^- 的氧化还原反应获得能量。硝化反应过程需要在好氧（aerobic 或 oxic）条件下进行，并以氧作为电子受体，氮元素作为电子供体。其相应的反应式如下：

亚硝化反应　$55NH_4^+ + 76O_2 + 109HCO_3^- \longrightarrow$
$$C_5H_7O_2N + 54NO_2- + 57H_2O + 104H_2CO_3$$

硝化反应
$$400NO_2^- + 195O_2 + NH_4^+ + 4H2CO_3 + HCO_3^- \longrightarrow$$
$$C_5H_7O_2N + 400NO_3^- + 3H_2O$$

总反应　$NH_4^+ + 1.83O_2 + 1.98HCO_3 \longrightarrow$
$$0.021C_5H_7O_2N + 0.98NO_3^- + 1.04H_2O + 1.884H_2CO_3$$

通过上述反应过程的物料衡算可知，在硝化反应过程中，将 1g 氨氮氧化为硝酸盐氮需好氧 4.57g（其中，亚硝化反应需耗氧 3.43g，硝化反应耗氧量为 1.14g），同时约需耗 7.14g 重碳酸盐（以 $CaCO_3$ 计）碱度。

其次，硝化反应将释放出 H^+ 离子，致使混合液中 H^+ 离子浓度增高，从而使 pH 值下降。硝化菌对 pH 值变化十分敏感，为了保持适宜的 pH 值，应当在污水中保持足够的碱度，以保证在反应过程中对 pH 值的变化起到缓冲作用。

52 A/O 工艺进水碱度以多少为宜?

在硝化反应中,将 1g 氨氮氧化为硝酸盐氮约需耗 7.14g 重碳酸盐(以 $CaCO_3$ 计)碱度。在反硝化反应中,还原 1g 硝态氮约产生 3.75g 重碳酸盐(以 $CaCO_3$ 计)碱度。因此在 A/O 工艺系统中,反硝化所产生的碱度,可补偿硝化反应消耗的碱度一半左右。一般来说,进水碱度达到 4mmol/L 左右时,硝化作用就可以很好地进行,达到 2mmol/L 以上时,硝化作用可以维持。但在硝化作用建立之初,进水碱度应达到 4mmol/L 以上。

53 A/O 工艺进水碱度不足怎么处理?

生化反应池进水碱度不足,会影响硝化反应的进行,有效解决的办法是提高水中的碱度,可采用投加碳酸盐或重碳酸盐的办法,如 Na_2CO_3、$NaHCO_3$、$Ca(HCO_3)_2$ 等,生产上一般是投加石灰乳,投加石灰乳需进行前部沉淀,运行中碱度不足时,可直接向生化反应池内投加 Na_2CO_3 或 $NaHCO_3$。需注意的是,要配制浓度较均匀的溶液,且经理论测算后均匀适量投加。

54 氮在水中的存在形式有几种?

污水中含氮化合物主要有 4 种,即有机氮(如蛋白质、氨基酸、尿素、胺类化合物)、氨氮(NH_3、NH_4^+)、亚硝酸盐氮和硝酸盐氮,4 种含氮化合物的总量称为总氮(TN)。其中有机氮是不稳定的状态,容易分解为氨氮和硝态氮。

55 什么是氨氮?

氨氮是指在水中的游离氨(NH_3)和离子状态的铵盐(NH_4^+),氨氮不仅向微生物提供营养,而且对污水的 pH 值起缓冲作用。

56 什么是凯氏氮?

凯氏氮(KN),是有机氮与氨氮之和,凯氏氮指标可以作为判断污水在进行生物法处理时，氮营养是否充足的依据。

57 **什么是硝态氮？硝态氮在 A/O 工艺运行中有何意义？**

硝态氮是指亚硝酸盐氮和硝酸盐氮之和。在 A/O 工艺中，脱氮过程经历氨化（有机氮转化为氨氮）、硝化（氨氮转化为硝态氮）和反硝化（硝态氮转化为氮单质）三个作用过程，其中，氨化作用最为容易进行，反硝化作用要求环境条件最高，反硝化作用是脱氮效果的关键，氨氮转化为硝态氮的程度，反映了硝化作用的进行程度，出水中氨氮低而硝态氮高，说明硝化作用进行得好，反之说明硝化作用没有建立，A/O 工艺运行得不好。

58 **进水氨氮浓度对 A/O 工艺运行有何影响？**

一般来说，高浓度氨氮对微生物的生长有抑制作用，而且硝化过程中需要大量的 O_2，高浓度的进水氨氮，会造成硝化作用不完全，出水氨氮升高。一般来说，进水氨氮浓度不宜超过 50mg/L。如浓度偏高，需增加进水碱度，并降低进水负荷，保证有足够的硝化反应时间和硝化所需的碱度，否则可能造成硝化作用下降及出水氨氮超标排放的可能。

59 **进水 COD 浓度对氨氮去除有什么影响？**

进水 COD 浓度对氨氮去除的影响主要取决于进水的可生化性，高浓度的 COD 的影响主要有两方面：一是高浓度的 COD 对硝化细菌有抑制作用；二是在生化池内分解有机物时间会后延，从而使硝化细菌不占优势，硝化反应不完全。低浓度的 COD 对氨氮去除的影响主要是反硝化过程中出现提供碳源不足。

60 **生化反应池内不同时段的 COD 和氨氮是怎样变化的？**

在生化反应池中，对 COD 和氨氮的降解不是同时进行的，一般来说，COD 的降解是在生化池的前 2/3 段完成的，氨氮的降解是在后 1/3 段完成的。这是因为硝化细菌是自养菌，混合液中有机物浓度过高，会使增殖速度较高的异养菌占优势，从而使自养型的硝化菌不能占优势，不能成为优势菌种。

61 厌氧消化机理是什么？

有机物在厌氧条件下消化降解的过程可分为两个阶段，即酸性消化阶段和碱性消化阶段，如图 2-15 所示。

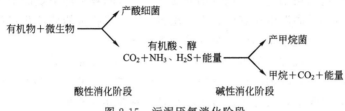

图 2-15 污泥厌氧消化阶段

（1）酸性消化阶段 参与的微生物为酸性腐化细菌或产酸细菌。在这一阶段中，含碳有机物被分解成单糖，蛋白质被水解成肽和氨基酸，脂肪被水解成丙三醇、脂肪酸。水解的最终产物是包括丁酸、丙酸、乙酸和甲酸在内的有机酸以及醇、氨、CO_2、硫化物、氢以及能量。为下一阶段的甲烷消化做准备。酸性腐化细菌对 pH 值、有机酸及温度的适应性很强、世代短，数分钟到数小时即可繁殖一代，多属于异养兼性细菌，在酸性消化阶段，由于有机酸的形成与积累，pH 值可下降至 6，甚至可以达 5 以下。此后，由于有机酸和溶解性含氮化合物的分解，产生碳酸盐、氨氮及少量的二氧化碳等。从而使酸性减退，pH 值可回升到 6.6～6.8。经酸性消化后的污泥外观呈黄色或灰黄色，比较黏稠不易脱水，仍易于腐化发臭。

（2）碱性消化阶段 参与的微生物是甲烷细菌。甲烷细菌对营养的要求不高，一般的营养盐类、二氧化碳、醇和氨都可作为碳源、氮源，属于专性厌氧的细菌群。碱性消化阶段就是污泥气形成过程。酸性消化阶段的代谢产物，在甲烷细菌的作用下，进一步分解成污泥气，其主要成分是甲烷（CH_4）、二氧化碳（CO_2）及少量的氨、氢和硫化氢等。

62 甲烷细菌的特点有哪些？

（1）对 pH 值的适应性较弱，适宜范围是 6.8～7.8，最佳 pH

值为 6.8～7.2。

（2）对温度适应性也较弱，根据对温度的适应范围甲烷细菌可分为中温（30～35℃）和高温（50～60℃）两类。当甲烷细菌在一定的温度内被驯化后，温度增减 2℃，就可能被破坏甲烷的消化作用；特别是高温甲烷细菌，温度增减 1℃，就有可能使消化过程遭到破坏。因此甲烷消化要求保持温度恒定。

（3）甲烷细菌的世代都很长，一般 4～6d 繁殖一代。

（4）甲烷细菌的专一性很强，每种甲烷细菌只能代谢特定的底物。在厌氧消化条件下，有机物分解往往是不完全的。

（5）所有的甲烷细菌都能氧化分子状态的氢，并利用 CO_2 作为电子接受体，其反应式如下：

$$4H_2 + CO_2 \longrightarrow CH_4 + 2H_2O$$

由于酸性腐化细菌与甲烷细菌对温度、pH 值的适应性不同，世代长短相差悬殊。如果酸性消化的速度超过碱性消化速度时，有机酸就会积累，使 pH 值降低，不利于碱性消化，甚至破坏碱性消化，但由于消化池中存在的消化液（污泥水）具有缓冲作用，以维持消化正常进行。消化液的缓冲作用，是由于有机物消化降解过程中产生的重碳酸盐（HCO_3^-）与碳酸形成的：

$$H^+ + HCO_3^- \rightleftharpoons H_2CO_3$$

$$K' = \frac{[H^+][HCO_3^-]}{[H_2CO_3]} \quad pH = -\lg K' + \lg \frac{[HCO_3^-]}{[H_2CO_3]}$$

式中，K' 为电离常数。当有机酸增加时，反应向右进行。若所增加的有机酸数量较多，碳酸盐与碳酸的数量少，则 $\frac{[HCO_3^-]}{[H_2CO_3]}$ 值变化不大，pH 值变化也不会大。从而可保持甲烷细菌的消化条件。因此消化池中的碱度要求保持在 2000mg/L 以上，最高为 3000mg/L。消化后的污泥称为熟污泥，这种污泥易于脱水，固体物数量减少，不会腐化，氨氮浓度提高。

63 **温度对消化效果有什么影响？**

根据对温度的适应性不同，甲烷细菌可分为中温甲烷细菌与高温甲烷细菌两类。吉化污水处理厂采用的是中温消化，利用中温甲烷细菌。中温甲烷细菌的适宜生活温度为 30～35℃，吉化污水处理厂设计消化温度为 35～38℃。根据某厂已有的运行情况，所列发酵温度与消化时间、污泥温度与产气量关系见表 2-1、表 2-2，相应曲线如图 2-16 所示。

表 2-1　发酵温度与消化时间关系

发酵温度/℃	8	10	20	30	35	43	49	54	60
消化时间/d	120	75	45	28	24	26	16	14	18

表 2-2　污泥温度与产气量关系

污泥温度/℃	30	31	32	33	34	35	36	37
产气量/(m³/m³)	7.97	8.93	9.81	10.60	10.29	10.12	9.23	8.27

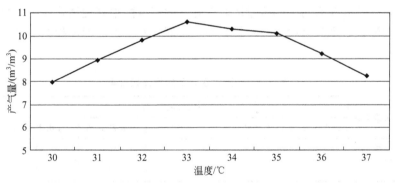

图 2-16　污泥厌氧反应温度与产气量关系曲线

由上可见，消化温度最佳为 33～35℃。当然，各地区气候温度等自然条件不同，可能在实践中也会有差别，还需在实践中不断探索总结。

吉化污水处理厂采用的加热方式为消化池外预热法，在贮泥池内蒸汽加热到 50～60℃，可杀死虫卵和病菌，然后投入消化池中，消化池内不设加热装置，去掉结垢等，一经搅拌可使温度均匀保持在 33～35℃，达到良好的消化效果。

64 污泥投配率对消化效果有什么影响？

新鲜污泥独自进行消化时间很长，在工程上经常采用的方式是每日定量地将新鲜污泥投配到消化池内的熟污泥中，进行混合消化，这样既能使甲烷细菌迅速接种，又能利用消化液的缓冲能力，可以保证消化池处于碱性消化阶段，使甲烷在最佳的条件下，发挥其分解功能，以缩短消化时间。

投配率一般指每日投加新鲜污泥体积占消化池有效容积的百分数，可见投配率即为消化时间的倒数。投配率是消化运行管理的重要指标，也是消化设计的重要参数。投配率过高，消化池内有机酸积累，pH 值下降，污泥消化不完全，产气率下降；投配率过低，污泥消化较为完全，产气率也较高，但消化池容积大、利用率低，基建费用也高。吉化污水处理厂设计投配率采用 7％，实际计划采用 8％。投配率的选择一般依含水率而定，因为污泥的含水率变化，使其含有污泥的重量随之变化，故用投配率管理消化池，应视污泥含水率的多少而改变投配率。不同含水率下的污泥投配率见表2-3。

表 2-3　不同含水率下的污泥投配率

发酵方法	污泥投配率/％				
	含水率 93％	含水率 94％	含水率 95％	含水率 96％	含水率 97％
中温	7	8	9	10	11
高温	14	16	18	20	22

吉化污水处理厂污泥池为辐流式沉淀池，含水率 93％～95％，中温消化，因此采用投配率 8％较为合理，产气量与投配率有关，污泥投配率增加，沼气的产量减少。

65 厌氧消化池内污泥混合状态对消化效果有什么影响？

消化池内物料的混合状态非常重要，混合均匀可以防止形成浮渣层、防止砂粒沉积、防止水流短路，保持池内温度一致以及配料的均匀。可以通过在消化池不同深度的取样点取样来测定固体浓度、挥发酸浓度和温度，以便了解混合状况。当某一区域的固体浓度相对较高或温度相对较低时，池子底部会出现明显的沉积物，致使消化池的有效容积减少，并会削弱其消化性能。

污泥搅拌有机械搅拌、射流器搅拌和沼气搅拌三种方式。有资料表明，搅拌方式与池型有关，我国目前常推荐采用沼气搅拌方式。吉化污水处理厂采用机械搅拌方式（泵循环）与沼气搅拌方式（目前部分气管已腐蚀掉）。

66 污泥厌氧消化过程中 **pH** 值和碱度对消化效果有什么影响？

pH 值对水解、产酸和产甲烷反应速率具有较大的影响。pH值在 6.8～7.2 时，产甲烷反应速率最大。当 pH 值低于 6.8 或高于 7.2 时，产甲烷反应速率下降，而 pH 值低于 6.6 或高于 7.6时，速率下降更快。产酸反应对 pH 值的下降不如产甲烷反应敏感，会以原来的速率继续产酸，由此，挥发酸的浓度将会上升，pH 值会再度下降，产甲烷反应会进一步受到抑制。随着 pH 值的持续下降，这种抑制将导致反应进一步不平衡。尽管消化工艺对适宜的 pH 值非常依赖，但 pH 值的变化可以被消化罐内存在的缓冲剂削弱。有机物的降解可以释放出氨和二氧化碳，它们可以合成碳酸氢铵。消化罐内产生的重碳酸盐和二氧化碳可以充当缓冲剂，控制 pH 值在 6.8～7.2。大部分污水处理厂的消化系统，在正常运行时并不需要经常性地人工调整 pH 值，消化液 pH 值能自动地保持在 6.8～7.2，其主要原因是消化液中存在大量的碱，这些碱主要以碳酸氢盐（HCO_3^-）的形式存在，在消化液中起着酸碱缓冲的作用，从而使 pH 值维持在近中性的范围内。当由于某种原因，导致产甲烷速率下降，出现挥发性脂肪酸积累时，HCO_3^- 将作为碱中和酸，通常采用碳酸氢钠调节 pH 值，如果其投加量过多会引起 pH 值上升，且碳酸氢钠完全溶解，因此不会生成水垢，也相对地更易于安全管理。当消化反应顺利进行时，碱度通常保持在 1000～5000mg/L，挥发酸浓度通常保持在 50～250mg/L（以乙酸计）。挥发酸（用乙酸表示）和碱度（以 $CaCO_3$ 计）的比率通常用来反映消化罐内酸浓度和缓冲量的关系。如果比率为 0.4 或更低，消化罐内则有充足的缓冲能力中和存在的酸；高于 0.4 说明反应不平衡，应该增加碱度，应投加碳酸氢钠（NaHCO₃）、氧化钙（CaO）、碳酸钠（Na₂CO₃）、氢氧化钠（NaOH）和氨（NH₃），石灰或苛性钠或氨和消化罐内的二氧化碳反应生成碳酸氢盐也可以使碱度增加。pH 值范围见表 2-4。

表 2-4　产酸菌与产甲烷菌所要求的 pH 值范围

pH 值范围	存活范围	正常代谢范围	高效代谢范围
产酸菌	5.0～9.0	6.0～8.0	6.0～8.0
产甲烷菌	6.0～8.0	6.4～7.8	6.8～7.4

第二节　污水处理厂的生产操作管理

67 初次沉淀池运行管理中的关注重点有哪些方面？

初次沉淀池的工艺控制节点可概括为：一进一出二截留。一进是指进水；一出是指出水；二截留是指水面的浮渣和池底的污泥。在运行管理中，抓住这四个节点就抓住了工艺控制的主动权。

68 初次沉淀池的进水如何控制管理？

初次沉淀池的运行管理从进水管理开始。进水管理关注以下几方面。

（1）进水管理从配水管理开始。一般来讲，污水处理厂规模越大，初沉池的数量越多。各个初沉池的进水量通常由配水井调节。各个初沉池的进水量分配，不但要考虑沉淀效果，还需要兼顾考虑各池的排泥情况，不可片面追求配水平均。这是因为各池的排泥管线路径不同、水力损失不同，所以各池的排泥能力也随之不尽相同，如果各池的配水量片面追求相同，可能会造成个别池每次排泥都不能排净，积累而造成排泥管频繁堵塞或出水 SS 恶化。

（2）进水管理应该对水质进行监测，常规项目和频次见表 2-5。

表 2-5　初沉池水质监测频次

项目	频次	备注
COD_{Cr}	每 8h 一次	初沉池出水也要监测
BOD_5	每天一次	
SS	每天一次	初沉池出水也要监测
氨氮	选做	根据总体工艺要求

　　SS 的进出水监测是最重要的性能分析指标，初沉池的各项去除率（如 COD、BOD_5）大部分都是以去除 SS 的方式来实现的。

　　由于进水水质不同以及污水处理工艺的不同，进水中可能有因管线过长而腐败的污泥或回流的生化污泥，腐败污泥因细碎而不易沉淀，回流污泥因气泡而上浮。通过长期分析统计初沉池的 SS 去除率可以掌握正常运行时的波动范围，一旦数据明显偏低，能够立即提示管理人员查找原因。

　　（3）进水量的监测。对于一个运行中的初沉池，进水量决定了表面负荷和水力停留时间，也决定了流速。过大的流速，不但不利于悬浮物的沉降，还可能冲起已经沉淀的污泥，引起出水 SS 恶化。

　　（4）投加絮凝剂是提高 SS 去除率的有效手段。

69 初次沉淀池的出水 SS 升高的因素有哪些？

　　易引起出水 SS 升高的原因见表 2-6。

表 2-6　初次沉淀池的出水 SS 升高的原因

现象	可能原因	处理方法
污泥上浮	污泥在池中分解	加大排泥量或投加抑菌剂
	刮泥设备磨损或损坏	修理刮泥设备
	消化污泥回流	减小回流量或改变回流点
短流	出水堰损坏或挂浮渣	修理或清理
	大风，向一个方向吹	选择安装挡风板
	进水悬浮物浓度过高	在前部建调节池
	水温剧烈变化	在前部建调节池
	进水导流筒（或整流栅）损坏	修理或更换
流速过快	水量过大	增加初沉池数量或投加絮凝剂

70 初次沉淀池的排泥如何管理？

排泥首先要保证池内泥层高度在合理范围内、已经沉淀的污泥不会被水流再次冲起。其次要保证污泥排出的通畅。然后要统筹考虑这些因素。

（1）各池的进水量。进水量大，污泥多，排泥时间要长或频次要快。

（2）各池的排泥管线的水力损失。管线长度、管径、转弯数量、液位差等都会对排泥通畅度产生影响，要根据不同情况对排泥时间和频次进行不同安排，或对配水比例进行调整。

（3）污泥去向不同，排泥方式也不尽相同。如污泥送往浓缩池，初沉池排泥要尽量排净；如送往消化池，则要根据消化池的投配率、池内污泥浓度等因素统筹考虑。如消化池内污泥浓度高，可以延长初沉池排泥时间，多向消化池排入低浓度的污泥混合液；如消化池污泥浓度低，可以缩短排泥时间，以提高污泥浓度。

排泥时间的确定可在确保排泥管线不堵塞的前提下，根据需要灵活安排。

（4）排泥时要查看排出的污泥浓度，应与池底污泥有大致的对应关系。发现排泥浓度明显低于池底污泥时，要考虑池底排泥管口被砂石等杂质淤塞的可能。

（5）排泥口、排泥管及阀门长期运行会沉积砂石、生长结晶或挂着纤维而影响过流甚至堵塞，应定期用逆向水流或气流进行冲洗。

71 初次沉淀池刮泥机运行时需要注意哪些方面？

（1）根据初次沉淀池的形式及刮泥机的形式，确定刮泥方式、刮泥周期的长短。避免沉积污泥停留时间过长造成浮泥，或刮泥过于频繁或刮泥太快扰动已下沉的污泥。

（2）如果水面上有上浮污泥，可注意观察污泥上浮点是否有规律可循，以判断是否有刮板损坏。

（3）平流池刮泥机要检查刮板、导轨和链条的磨损情况，及时修理和更换损坏部位。辐流池刮泥机巡检时要重点检查动力装置和传动机构；中心驱动型的更要经常检查减速机，泥量多时易对其造成损伤。

（4）每年要停水放空检修沉淀池和刮泥机。出水堰、导流筒、池底及壁、刮板、桁架、水下行走轮、动力及传动机构、中心轴承、除渣装置等都要仔细检查和修理。

（5）轨道和走轮是每日巡检的必查项目。特别是北方冬季，轨道易有冰霜雪，要安装清除装置。北方地区不宜选用胶轮式刮泥机，由于四季温差太大，胶轮和轨道经常损坏，更换和修复需要一笔不小的费用；而且轨道宽，冬季清除冰雪特别困难，耗费人力物力。

72 **除渣装置应注意哪些问题？**

（1）排渣斗（堰）的安装高度及坡度要适宜。太高太陡，则刮渣板不易把浮渣刮送进排渣口，且水难以流进排渣斗，不能推动浮渣的移动；太低，则排渣斗进水量过大。

（2）平流池的浮渣去除相对于辐流池较为容易，可将去除槽改为螺旋输送机，定时启动即可把浮渣排到车内。辐流池受高程控制，排渣斗经过管道连接的排渣井多在地下，清理不易。目前多数设计是把排渣井下水又输送到总进水端，而未对井中的浮渣设置机械去除。可用筛网制作一个滤筐放置在井中，井上安吊架用电动葫芦起降，定期吊起清除。

73 **带式污泥脱水机管理的重点有哪些？**

带式机运行管理的重点有如下几点：污泥浓度、絮凝剂浓度及质量、污泥和絮凝剂的比例和混合、重力脱水段的分离效果、压榨段的压榨效果、污泥的剥离、滤带张紧和调偏、滤带冲洗效果等。

74 **进入带式污泥脱水机的污泥浓度有何要求？**

一般来讲，设有浓缩池的，污泥浓度应在 30～50g/L 之间。浓度太低，絮凝效果差，浪费絮凝剂；浓度太高，一是泥药混合不易，二是可能造成浓缩池排泥不畅。二级消化池排出的污泥，因其不搅拌，浓度基本也在 30～50g/L 之间。近年来，针对小型污水处理装置没有浓缩池的情况，设计推出了一些带有浓缩机构的一体机，独特之处是在污泥进入重力脱水区前段，采用转鼓离心浓缩机，先将絮凝后的污泥进行泥水分离，以减轻脱水区后段的工作负荷。

75 污泥脱水处理的常用药剂有哪些？

污泥处理目前常用的絮凝剂主要是无机高分子絮凝剂和有机高分子絮凝剂。无机高分子絮凝剂有聚合氯化铝（PAC）、聚硫氯化铝（PACS）、聚合硫酸铝（PAS）、聚合氯化铁（PFC）、聚合硫酸铁（PFS）等。使用无机高分子絮凝剂，需认真对待其对设备的腐蚀问题。

有机高分子絮凝剂分为天然和人工合成两大类。天然高分子絮凝剂有淀粉类、多聚糖类、蛋白质类、壳聚糖类；人工合成高分子絮凝剂应用较多的是聚丙烯酰胺（PAM）及其衍生物，分为阳离子型、阴离子型、非离子型和两性离子型。

阳离子型和两性离子型的技术指标有含固量、分子量、离子度。阴离子型、非离子型的技术指标有含固量、分子量、水解度。

此外，还有以铝盐和铁盐为代表的无机低分子药剂，多作为助凝剂或混凝剂，在污水处理的预处理阶段投加，以提高悬浮物的沉淀效果。

76 污泥脱水处理污泥和药剂的混合絮凝的方式有哪些？

常用的方式有管道混合、管道混合器混合、折板式混合器混合、机械搅拌式混合。单独使用管道混合一般不能达到较好效果，需与其他方式组合使用。使用管道混合器混合，要求污泥中不能含有纤维状物质，否则极易堵塞。一般来讲，只要带式机的重力脱水段足够长，管道混合结合折板式混合器混合足以满足带式机的要求，除非黏度较大等特殊泥质。机械搅拌式混合，非特殊泥质和特殊机型尽量不要采用，原因一是维护修理比较麻烦；二是由于搅拌强度难以控制调节，随着污泥浓度的变化，搅拌效果时好时坏，有时是混合不足，有时是把已形成的絮凝体破坏。

77 对于带式污泥脱水机如何根据重力脱水段的现象判断运行效果?

重力脱水段是带式机最基本的工作阶段,污泥脱水的最终效果基本决定于此。此段效果好,则最终效果也好;反之亦然。观察此段的现象,就可基本判断和解决带式机运行的绝大多数问题。从泥药混合器中流出的污泥接触到上滤带后,经布料器大致分配,应在滤带行走 0.3~0.5m 的距离即基本失去流动性,絮凝体形状非常明显,泥水分离界限分明,大量滤液透过上滤带滴落到接水盘内,在上滤带转向时,污泥从上滤带跌落到下滤带时,较少有溅起,这种情况表明前部各项指标(污泥浓度、絮凝剂浓度及质量、污泥和絮凝剂的比例和混合)合格,滤带冲洗干净,承托性和透过性好。相关现象分析见表 2-7。

表 2-7　重力脱水段现象分析

现象	原因	解决方法
泥水无明显分离现象,流动性强	泥药混合不好	改进混合器
	药剂浓度低或投加量小	提高浓度或投加量
絮凝体好,滤液及部分絮凝体从滤带边缘流淌	滤带过水性不好	更换滤带、提高滤带冲洗效果、适当提高张紧压
滤液多,絮凝体少	污泥浓度低	暂时停车或切换浓缩池
滤带明显向下凹陷	张紧力偏小	提高张紧压
泥水分离好,滤带上有泡沫	加药量过大	减小加药量
泥水分离好,絮凝体布满整个幅宽	滤带走速慢	提高滤带走速
	泥量过大	减小泥量

另外,根据实践运行对比,重力脱水段以滤带水平行走样式为宜,不宜选用有坡度的设备。

78 带式污泥脱水机楔形段的作用是什么?

一般来讲,带式机或长或短都有楔形段,楔形段是两条滤带逐渐靠近,完成对污泥的包夹,在此段污泥受力不大,脱水量极小。

主要任务是使污泥进一步失去流动性，并且不被挤出滤带边缘。

79 带式污泥脱水机张紧压和张紧气缸对脱水效果有何影响？

滤带能够正常发挥作用的前提是，有足够的拉力使其保持一定的绷紧度，必须能够承托住全部的泥水载荷而不产生明显凹陷或打滑。拉力的来源，就是由张紧压和气缸联合提供的张紧力。张紧力计算公式如下：

$$F = PA$$

式中，F 为张紧力；P 为张紧压；A 为气缸的截面面积。

拉力由双侧气缸提供，为了减小对气源的要求，气缸的内径要尽量大，一般缸径为 160mm 的气缸，气压在 0.3～0.4MPa 就可满足需要。

足够的拉力，还要能保持滤带的孔隙度，有利于滤液的透过。

在挤压段，挤压力完全来源于滤带的拉力。托辊两侧滤带的拉力产生的合力与托辊的反作用力形成了对污泥的挤压。托辊及两侧滤带如图 2-17 所示。

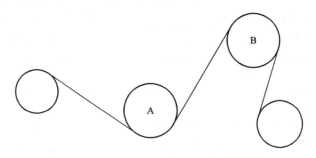

图 2-17　托辊及两侧滤带

在图 2-17 中，托辊 A 处污泥受力要小于托辊 B 处，因为托辊 A 两侧滤带夹角大，托辊 B 两侧滤带夹角小，托辊 A 处两侧滤带形成的合力要小于托辊 B。

滤带张力太大，会导致在楔形区或挤压区污泥从滤带两侧被挤出。滤带张力太小，不能产生足够的压榨力和剪切力，使带式污泥脱水机脱水泥饼的含固率下降，还可能导致滤带打滑或褶皱。

80 如何选择带式污泥脱水机滤带？

目前滤带的材质、编织方式和接头的方法很多。不同的泥质对滤带样式的要求不同，要选择适宜的滤带。

首先，要能使泥水分离迅速，透水性强，滤带不是编织得越密越好，更不是价格越高越好。选择滤带要经过试验，泥水分离迅速，滤液较清澈的即可。如果污泥中含有颗粒物，滤带的网眼孔径要小于颗粒物，否则滤带网眼会很快堵塞，而且极难冲洗。

其次，要韧性好，耐酸碱，强度高，使用寿命长，特别是要容易冲洗。

再次，滤带的接缝方式以插接式为宜，插接式接缝浑然一体，滤带整体运转性能一致，不会产生卡勾式连接在卡勾处污泥截断的情况。另外，插接式接缝对滤带、剥泥板、辊的磨损较小，卡勾对剥泥板的磨损要多加注意。

81 带式污泥脱水机对调偏有何要求？

调偏良好的带式机，在剥泥板处观察，滤带距托辊边沿的距离应大致相等，且两条滤带没有较大错位，滤带调偏气缸能动作，灵活，能起到调偏作用。上下滤带不能错位过大，应控制在 2cm 以内。这是滤带的较理想状态。在调试阶段，就要观察滤带的行走情况，是否经常向某一侧跑偏，甚至无法纠正而被迫停机；或者自动调偏机构做出调偏动作后，长时间保持不变。如果有此现象，就要对转向辊进行调整。一般来讲，不论上带还是下带，一定都有一个滤带在该辊进行大角度转折的转向辊，该辊的两侧基座螺栓孔是条形的，可以沿着滤带行走方向前后移动调整螺栓。可根据滤带的张紧情况和跑偏情况，调整单侧或双侧基座，一般调整位移以 mm 计。调整好的滤带，基本不出现偏移，自动调偏机构很长时间才需要做出调整动作，理想状态，可以超过半小时不需要调偏。新带式机和滤带长时间使用出现变形时，需要进行上述调整。

另外，根据运行经验，调偏气缸的气压一般应稍高于张紧压。

82 如何确定带式污泥脱水机的带速、张紧压？

带式机的带速、张紧压一般应根据需要处理的污泥量和泥饼含水率来调节。带速慢、张紧压高，出泥的含水率低，处理的污泥量少。带速快、张紧压低，处理的污泥量大，泥饼含水率高。可根据每小时需处理的污泥量，选择能使泥饼含水率达到要求的带速和张紧压。带速和张紧压可以只调整一项，也可两项都调整。基本要求是带速要满足污泥不被从滤带两端挤出，带速越快，泥幅越窄；张紧压要满足滤带不出现明显凹陷、不打滑、能调偏。对于某一种特定的污泥来说，存在最佳带速和张紧压控制范围，在该范围内，脱水机既能保证一定的处理能力，又能得到高质量的泥饼，固体回收率也较高。高质量的泥饼，从实践经验看，具有以下特点：泥幅较宽，距滤带两侧边缘 $10\sim15cm$；泥饼有一定厚度，在 $5\sim20mm$ 之间，某些特殊污泥可能更厚；泥饼含水率通常在 80% 左右；泥饼易于从滤带剥离。

83 带式污泥脱水机脱水效果的评价指标有哪些？

评价带式机脱水效果，有两个主要指标：一个是泥饼含固量 C_u；另一个是固体回收率 η。

泥饼含固量的高低是评价脱水效果好坏的最重要指标，含固量越高，污泥体积越小，运输和处置越方便。

固体回收率是泥饼中的固体量占脱水污泥中总干固体量的百分比，用 η 表示。η 越高，说明污泥脱水后转移到泥饼中的干固体越多，随滤液流失的干固体越少，脱水率越高。η 可用下式计算：

$$\eta=\frac{C_u(C_o-C_e)}{C_o(C_u-C_e)}$$

式中，C_u 为泥饼的含固量，$\%$；C_e 为滤液中的含固量，$\%$；C_o 为脱水机进泥的含固量，$\%$。

【例】 某浓缩污泥的含固量为 3%，经脱水之后，实测泥饼的含固量为 20%，脱水滤液的含固量为 0.5%。试计算该脱水系统的固体回收率。

【解】 已有数据为 $C_o=3\%$、$C_u=20\%$、$C_e=0.5\%$。

将 C_o、C_u、C_e 代入上式，得：

$\eta=20\%(3\%-0.5\%)/[3\%(20\%-0.5\%)]=85.47\%$

即该脱水系统的固体回收率为 85.47％。

需用泥饼含固量和固体回收率两个指标同时评价脱水效果的好坏。只获得较高的泥饼含固量，而固体回收率很低，或者固体回收率很高，但泥饼含固量很低，都说明脱水效果不佳，应分析其原因。

根据运行实践，固体回收率的测定计算比较麻烦，通常用滤液含固量替代。滤液含固量低于 0.5％即可认为脱水效果较好，因为浓缩池出水的含固量也不过如此，完全不必对脱水设备的滤液浓度太过苛求。

84 带式污泥脱水机有哪些原因会造成滤带堵塞？

滤带堵塞，水分无法滤出，使泥饼含水率上升或者污泥从滤带两端流出（挤出），使带式机不能正常运行。滤带堵塞的原因有滤带冲洗水压力低、滤带走速过快冲洗时间不足、滤带张力太小、进泥中细沙含量太多、絮凝剂投加过多使污泥黏度过大等。

85 如何选购带式污泥脱水机？

选购带式机，除基本的结构强度要求外，应从以下这些方面进行考查。

（1）主体结构防腐蚀性要好，带式机工况环境多数为高湿度，有酸碱性，腐蚀性强。

（2）主体框架梁柱间要有足够的距离，便于检修时拆卸和抽出托辊。

（3）张紧气缸缸径要足够大，气缸活塞要能双向运动，在停机后能将活塞收回气缸避免腐蚀。

（4）重力脱水段不能太短。

（5）挤压段的布局要合理，污泥受力要由小变大，即托辊两侧滤带的夹角要由大变小，辊径由大变小。

（6）接水盘的材质要耐腐蚀。

（7）轴承要防水，轴承最好不在托辊内，而在框架上，便于检查和维修。

（8）调偏气缸的设置位置，应在气缸动作时，能有效引起滤带的变形。

（9）托辊的中心轴，最好是通轴，即一根轴贯穿托辊，而不是只在辊两侧焊接轴头。重、长、粗的托辊更要注意，因易发生托辊单侧断裂故障。

（10）要有配套的泥药混合器。

（11）气路进口要安有气源处理三联件（必须包含油雾器），起调压、除湿、加油润滑作用，保证活塞伸缩灵活，延长气缸寿命。

86 在用离心污泥脱水机脱水时哪些参数会影响离心机的运行？

影响离心机运行效果的因素很多，并且各个因素又互相影响，因此处理效果是各个因素综合作用的结果，各项参数的调整应从脱水后泥饼最终处置方法所要求最佳泥饼含水率、固体回收率和经济性等因素综合考虑。

综合影响离心机的运行的各项因素，大致归纳为三方面的参数：一是污泥的性质、流量和浓度；二是絮凝剂的种类、质量和配制；三是离心机的运行参数调节。

87 离心污泥脱水机运行需要如何关注污泥的性质？

由于污水水质、水量和污水处理的工艺参数在不断变化，必然引起泥质的不断变化，如污泥浓度、污泥有机质含量、污泥密度、污泥颗粒规格、pH 值等。这些变化都要影响到絮凝剂的使用和离心机的运行控制。要经常对污泥进行检测分析，特别是要重点关注污水的变化情况和污水处理工艺的调整，因为从前述变化传递到污泥的变化要有一定的时间差，这样会有更强的预见性，可以提前做出相应的准备。例如，污水中的 SS 减少，十几个小时后传递到浓缩池的变化是进泥 SS 降低、可沉降压缩的 SS 减少，如果离心机的进泥量不减少，那么浓缩池的泥层就在不断降低，污泥压缩时间不断减少，污泥浓度不断降低，最终会使离心机不出泥而出水；反映到离心机的运行，会发现差转速越来越小，如果搞不清原因，就会不断提高絮凝剂的投加量，造成浪费。

污泥浓度过低或过高均会消耗更多的絮凝剂，污泥浓度必须控制在一定的波动区间。

进泥中不能有大量的纤维状物质，否则容易导致设备堵塞、振动加大，影响稳定运行。这种污泥要先进行破碎切割处理。

88 **离心污泥脱水机的进泥量如何控制？**

在污泥浓度处于合理波动区间内，进泥量要考虑以下因素：一是对出泥含水率的要求；二是对絮凝剂单耗的要求。当絮凝剂投加比例一定的情况下，处理的泥量越大，固体回收率和泥饼含固量越低；反之，进泥量降低，则固体回收率和泥饼含固量将提高。当处理的泥量大时，如果对出泥含水率要求较严格，就要提高絮凝剂的投加比例。但泥量越大，对絮凝体的扰动越大，絮凝效果变差，即使加大投加比例，也可能达不到含水率的要求。进泥量过低，意味着电能的浪费。每台离心机都有其最佳进泥量的范围，对应着最佳的投药比例和最佳的技术经济效益。这必须通过实践来摸索、验证。

89 **离心污泥脱水机对絮凝剂有何特殊要求？**

离心机的泥药混合一般只有管道混合方式，且混合管道不长，泥药的混合多在离心机内高速旋转的状态下完成，所以，很多情况下，在絮凝剂选型烧杯试验中效果表现较好的药剂，在实际应用中效果并不一定好。絮凝剂的选型、质量要求、配制要求基本要在实践中确定。絮凝剂不但要能满足污泥的特性，还要满足离心机的工作特性，这是离心机和压力分离机型的很大不同。

絮凝剂的投加比例，要兼顾出泥的含水率和分离液的含固率。一味提高投加比例，对含水率的影响效果越来越小，远不及对分离液的含固率影响。从经济上考虑，得不偿失。

总结实践经验，在絮凝剂方面影响出泥含水率的最重要指标不是投加比例，而是絮凝剂的质量和配制浓度、配制质量。某一特定的泥质，会有特定的絮凝剂质量指标和浓度与其相对应，有最佳的处理效果。当然，由于污泥浓度不断变化，必须随之不断调节加药量，这时投加比例（从表面上看）可能是最大影响因素。

90 **离心污泥脱水机有哪些参数可以进行调节？**

离心机可以调节的参数有转鼓转速、差转速、液环层厚度。

91 **离心污泥脱水机转鼓转速如何控制调节？**

转速越大，离心力越大，有助于提高泥饼含固率。但转速过大会使污泥絮凝体被破坏，反而降低脱水效果。同时较高转速对材料的要求高，对机器的磨损增大，动力消耗、振动及噪声水平也会相应增加。离心机运行中，可以通过调节转速，以适应不同的泥质。一般来说，颗粒大、密度大，需要的转速低；颗粒小、密度小，需要的转速高，初沉池污泥需要的转速比活性污泥低。泥质稳定的情况下，提高转速，可提高脱水的固体回收率，提高分离液的清澈度。高转速会带来一系列的负面影响，除非必要，尽量不要采取高转速的运行方式，而应采取调节其他参数的方式。

92 **离心污泥脱水机差转速如何控制调节？**

差转速是指转鼓与螺旋的转速之差，即两者之间的相对转速。被分离出的污泥就是利用这个速度差被输送出脱水机的。一方面，当进泥量一定时，差转速越大，污泥在脱水机中停留的时间越短，固环层就越薄；另一方面，差转速越大，由于转鼓与螺旋之间的相对运动增大，必然使对液环层的扰动程度增大，固环层内部被分离出来的污泥会被重新泛至液环层，并有可能随分离液流失。

综上所述，差转速增大时，脱水的固体回收率和泥饼的含固量都将降低，但增大差转速可提高离心机的处理能力。反之，减小差转速时，污泥在转鼓内接受离心分离的时间将延长，同时由于转鼓和螺旋之间的相对运动减小，对液环层的扰动也减轻，因此固体回收率和泥饼含固量均将提高，但减小差转速，需降低处理能力。差转速不能太小，否则将由于污泥在机内积累，使固环层厚度大于液环层，导致污泥随分离液大量流失，固体回收率急剧下降，严重时还会由于阻力过大，扭矩超负荷损坏离心机。

目前的多数离心机，已实现离心机、泥泵、药泵的自动控制。

其主要工作方式是自动调节差转速。以扭矩为控制因数,当扭矩大时,自动加大差转速,来降低扭矩;当扭矩小时,自动降低差转速。当扭矩过大且持续无法调节下降时,会实现离心机、泥泵、药泵的自动停机,保护设备不受损伤。

93 离心污泥脱水机液环层厚度如何控制调节?

液环层厚度是设备优化的一个重要参数,直接影响离心机的有效沉降容积和干燥区(岸区)长度,进而影响污泥脱水的处理效果。一般在停机状态下通过手动调节液位挡板的高低来实现,调整时必须确保各个液位挡板的高低一致,否则会导致离心机运行时剧烈振动。当进泥量一定时,液环层加厚,一般会提高脱水的固体回收率和分离液质量,但泥饼含水率会提高。调低液环层厚度可获得较低的泥饼含水率,但分离液质量会下降。在控制液环层厚度时,应在高固体回收率与泥饼含水率之间权衡。如果无需追求过低的泥饼含水率,应选择适当调大液环层厚度。

94 离心污泥脱水机运行中如何综合调节各项参数?

离心机的各项参数相互影响,调节一个参数可能会引起多个参数的调节,由于污泥泥质和浓度时常变化,各项参数也要经常进行调节。

下面是一些实践经验,供大家参考。

(1)首先确定最大处理泥量。一般不宜超过设备铭牌所标示最大泥量的85%,不处理最大的泥量,亦为降低转速创造条件。泥质不同,最大处理量也不同,颗粒大、密度高可取较大处理量。

(2)确定转鼓转速。一般不宜超过设备铭牌所标示最大转鼓转速的80%。一般设备选型时,都会进行试验,同样的分离因数,宁可选取较大的直径,也要降低转速。运行时,经实践验证的转速,除非泥质有重大变化,轻易不要调整。因为转速调整后,其他参数大多需要跟随调整。

(3)差转速一般根据扭矩来调节。调试阶段,转速、扭矩、差转速要联合调试。先大致稳定转速,根据扭矩,调节差转速,查看泥饼含水率和分离液质量。如果泥饼含水率和分离液质量不达标，再调整至其他转速，重复进行。自动控制的离心机，也应先设定转速，然后设定扭矩及相关参数，进行验证。无自动控制的离心机，操作人员工作量要远远高于自控型，且稳定性和质量差距甚大。

（4）絮凝剂投加量，是最常用的调节参数，一般来讲，污泥的浓度变化是最常见的，浓度变化会引起扭矩的变化。运行中，常根据扭矩的变化来调节投药量。根据经验，在进泥浓度适宜的情况下，扭矩与泥饼含水率有相关性，污泥扭矩大致稳定在一个区间，泥饼含水率也大致稳定在一定范围。污泥浓度偏高或偏低，前述相关性不强。

（5）保持进泥性质和浓度的稳定，是保证离心机正常运行的最重要条件。

95 生化反应系统 A/O 工艺的日常操作主要控制内容有哪些？

A/O 工艺的反应中，进入生化反应系统的废水所含碱度及生化反应时间是保证氨氮成功去除的关键。同时，装置的运行参数及相关条件的优化，也是保证运行效果、降低能耗的有效途径。一般运行中要做好进水量、供氧、碱度保障、污泥回流量保障等控制。

96 生化反应系统 A/O 工艺反应需氧量如何计算？

供氧是 A/O 工艺的运行条件的关键因素之一，A/O 工艺的需氧量由四部分组成，以吉化污水处理厂正常运行负荷为例，分别计算如下。

（1）降解 BOD_5 耗氧（kg/h）：

$5000 \times (0.24 - 0.01) \times 0.75 = 862.5$（忽略反硝化段去除的 BOD_5）

式中，5000 为平均水量，m^3/h；0.75 为系数，表示去除的 BOD_5 中有 75% 被氧化，其余用于合成细胞，这是参照石油化工废水的经验值选取的；0.24 和 0.01 为生化进出水 BOD_5。

（2）微生物内源呼吸耗氧（kg/h）：

$$126490 \times 0.008 = 1012$$

式中，126490 为好氧段有效容积，m^3；0.008 为内源呼吸系数，经实测得出。

（3）氨氮去除耗氧（kg/h）：

$$5000 \times 0.053 \times 4.57 = 1211.05$$

式中，氨氮绝对去除量取 0.053g/L；4.57 是每 1g 氨氮被硝化为 NO_3^--N 的理论需氧量。但氨氮并非全部被硝化作用转化，按 80% 转化估算，耗氧量应为 968.84kg/h。

（4）出水携带氧（kg/h）：

$$5000 \times (1 + 0.8) \times 6.0 / 1000 = 54$$

式中，0.8 为回流比；出水溶解氧为 6.0mg/L。

总需氧量（kg/h）：

$$862.5 + 1012 + 968.84 + 54 = 2897.3$$

每 1m³ 空气含 O_2 0.29232kg；曝气系统传氧效率为 0.20。则 A/O 工艺在当前水质、水量条件下需供空气量（m³/h）：

$$2897.34 \div 0.29232 \div 0.20 = 49557.7$$

97 生化反应系统 A/O 工艺运行中如何控制供氧？

以上面计算结果可知，降解 BOD_5 耗氧 29.8%；微生物内源呼吸耗氧 34.9%；氨氮去除耗氧 33.4%；出水携带氧 1.9%。A/O 工艺在运行中，必须依靠水质、水量情况科学计算出空气需求量，按要求组织供气，保证系统运行效果达到最佳。而 A/O 工艺的实际生产控制过程中，直观所能测得的是出水端的剩余溶解氧（DO），剩余溶解氧在本装置供氧中所占比例很小，仅为 1.9%，却能反映出系统的供氧情况。一般情况下，只要不是长期缺氧，生化反应池内溶解氧对运行结果的影响并不十分明显。不同溶解氧条件下与氨氮去除率的关系如图 2-18 所示。由图 2-18 可见，生化池内出水 DO 与 NH_3-N 去除率关系趋势线，显示当出水 DO 大于 1.5mg/L 时，随着出水 DO 的增加，NH_3-N 去除率变化不大。一般情况下，生化反应池内氧平均分布符合设计的 2～4mg/L，出水溶解氧可达 6mg/L 左右，如再增加，则浪费能耗，增加了不必要的消耗。因此，A/O 工艺供氧，要在考虑进水污染物浓度的前提下，通过监测出水溶解氧并及时调整供氧量，来实现运行消耗最低

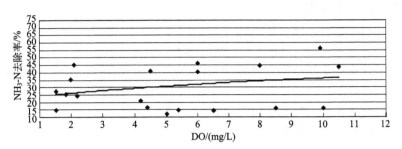

图 2-18　生化池内 DO 与 NH₃-N 去除率的关系

的条件下完成污染物去除的任务。

98 生化反应系统回流比在 A/O 工艺运行中应如何控制？

　　回流比是生化处理中最实际的操作指标，A/O 工艺设计回流比为 100%，比原传统活性污泥法的回流比 50% 高出一倍。在实际生产中已经证实，传统活性污泥法的 50% 回流比，即使再增加一倍，也不会带来 COD 去除效率的提高。在 A/O 工艺系统运行中，分阶段改变回流比以考核其对氨氮去除的影响，考核结果如图 2-19 所示。

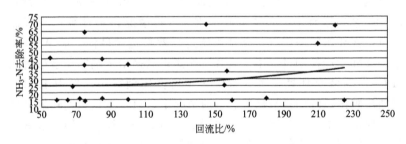

图 2-19　生化池回流比与 NH₃-N 去除率的关系

　　由图 2-19 可见，回流比在 50%～230% 之间的不同数值，出水氨氮差异较小。在 A/O 工艺理论中，除正常回流比要比传统活性污泥法大以外，还应增加出水回流或混合液回流，这样可以使硝化过程中产生的硝态氮大量在 A 段分解成氮气释放到空气中，从而有效地降低出水的硝态氮和总氮。反硝化还可以产生部分碱度，为氨氮的硝化去除创造有利的条件。从本装置优化运行结果看，回流比增加后氨氮去除效率并未有明显提高；同时，反硝化所产碱度与所需碱度相比，所占比例较小；其所产碱度对氨氮去除也不会有太大的影响。由此可以分析，大量回流对出水氨氮并无太大益处。更重要的是，在污泥回流比为50％时，回流用电占污水处理厂电耗的3％左右，如果大量回流，将会加大能耗和设备维护费用，提高污水处理成本。因此，A/O工艺运行要在水质条件允许的情况下适当降低回流比，以降低污水处理运行能耗。

99 **生化反应系统A/O工艺中污泥浓度如何优化控制？**

在A/O工艺实践中，污泥浓度是对氨氮去除效果的关键参数之一，在硝化作用启动后，各种不同污泥浓度下氨氮的去除率如图2-20所示。由图2-20可见，污泥浓度为5g/L，氨氮的去除效果达到较高水平。因此，运行中要较稳定地控制好生化反应池内的污泥浓度。污泥浓度的稳定控制方式，主要是控制好剩余污泥的排放量，剩余污泥的排放量为当前条件下的污泥增长量，即正常运行过程中，新增污泥量要通过排放剩余污泥的方式来维持A/O工艺中污泥浓度的稳定，而新增污泥量的多少取决于当前水质条件下微生物的繁殖情况，要在运行中不断摸索。一般A/O工艺污泥龄为40d以上，操作中可按生化系统总污泥量的1/40以下进行剩余污泥排放，即每日排泥总量低于A/O工艺系统中的1/40，观察污泥浓度的变化，如污泥浓度有上升趋势则适当增加剩余污泥排放量，如降低则减少剩余污泥排放量。

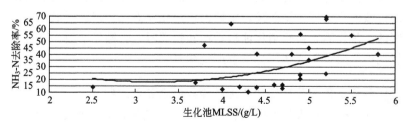

图2-20 生化池 MLSS 与 NH₃-N 的关系

100 污泥厌氧消化系统消化池的压力如何控制？

消化池运行的压力比较低，对于成熟的污泥消化系统，运行压力的监控是非常重要的，在实际运行操作中，消化池的压力是浮动的，消化池的进泥、排泥、搅拌都有可能影响消化系统的压力。其中最重要的是沼气管道内的冷凝水的影响。及时排放管道中析出的冷凝水，保持管路畅通，避免系统压力过高，是消化系统稳定运行的重要保证。在北方的冬季，出消化池沼气含有大量热水汽，易结成霜挂在阀门及管线内，形成管线冻塞现象，这种情况是非常危险的。因此，在日常运行中要严密关注消化池的运行压力，防止意外情况的发生。

101 污泥厌氧消化系统消化池的温度如何控制？

在已有的研究中，均有甲烷细菌对温度的敏感性的详细描述，工业化的厌氧消化系统，保持温度的恒定是非常困难的。在实际的运行中，是将操作温度控制在一定范围内，吉化污水处理厂采用中温消化（35±1）℃的操作温度。一般的控制方式为将每日投入消化池的新鲜污泥加热至38℃以上，即可保证日常运行的消化温度稳定在（35±1）℃范围内，实现消化系统的平稳运行。

102 污泥厌氧消化系统消化池的液位如何控制？

消化池液位的浮动，直接反馈到消化池的压力变化，消化池的液位作为一个重要的监控指标。保持消化池液位的相对稳定，对保持消化池压力系统的稳定是非常重要的。在实际中，主要是通过定期校核消化池进、排泥泵，定期校核消化池液位计来进行液位的控制的。常规固定盖式消化池在排泥和投泥时，若操作不当，有可能使池内造成负压或超压，导致严重后果。

103 污泥厌氧消化系统消化池的搅拌状态如何控制？

除了保证每天足够的进泥量外，污泥搅拌也是一项重要内容。连续而均匀地进泥与排泥可使消化池内有机物最大限度地维持在一定水平上，搅拌则能使池内的有机物浓度、微生物的分布、温度、

pH 值等都均匀一致地处在最有利的状态。

104 **污泥厌氧消化系统消化池内污泥浓度如何控制？**

污泥厌氧消化池内，运行中要控制污泥浓度处在一个较为稳定的范围，才能确保日常运行的稳定。一般污泥浓度应在 50g/L 左右。污泥浓度的稳定是通过排放上清液来实现的。在污泥厌氧消化反应过程中，污泥分解会产生一部分水，消化池内不搅拌使这部分水浮在消化池内部形成上清液，日常运行中要经常有规律地排放上清液，来保证消化池内污泥浓度的稳定。同时，上清液属于碱性消化液，在消化池投泥后的搅拌中可以起到较好的缓冲作用。因此，消化池内还要有一定的存量，根据池内平均污泥浓度情况，适量排放。

105 **污泥厌氧消化系统消化池要有哪些安全注意事项？**

消化池应密封，不得渗入空气，以保证甲烷细菌的正常发育，消化池中的浮渣与沉砂应定期清除，在运行中应十分注意安全问题。因沼气易燃易爆，沼气的主要成分甲烷在空气中含量达到 5%～6% 时，遇明火即爆炸，故消化池、贮气罐、污泥气管道等都必须绝对密封。周边严禁明火和电气火花。还必须注意控制室与消化池等设备的连接点，不能有空气进入消化池的可能。检修消化池时，必须完全排除池内的消化气。消化池的所有仪表（压力表、真空表、温度计、pH 计等）应定期检查，保证随时完好。消化启动过程中会产生爆炸性气体，因此要加强气体监测，一旦发现爆炸性气体就要立即采取有效的安全措施。

第三节　污水处理厂的生物驯化

106 **什么是活性污泥培养？**

所谓活性污泥的培养，就是为形成活性污泥的微生物提供一定的生长繁殖条件（营养物质、溶解氧、温度和酸碱度），在这种条件下，经过一定时间，就会有活性污泥形成，并且在数量上逐渐增长，并最后达到处理废水所需的污泥浓度。

107 什么是活性污泥驯化？

在工业废水处理系统污泥培养的后期，将生活污水和外加营养量逐渐减少，工业废水比例逐渐增加，最后全部受纳工业废水，这个过程称为污泥驯化。其实质是活性污泥在指定底质（工业废水）的作用下，进行淘汰和诱导。在混合微生物群中，不能适应其生存环境或不能利用废水有机物的微生物被抑制，能适应环境的微生物得到发育，诱导出能利用废水有机物的酶体系。这类微生物将成为活性污泥微生物。

108 活性污泥菌种的来源有哪些？

活性污泥微生物多数是混合的微生物群，这些微生物大量存在于自然界，如土壤、河泥、沟泥、生活污水和粪便污水之中。如处理生活污水，直接利用污水中沉淀下的污泥就可以了。但如果是用于工业废水处理，就要寻找经过一定的驯化能适应生存环境的菌种，以缩短培养和驯化的时间，菌种可取自水质相近的污水处理厂二次沉淀池的剩余污泥。

109 活性污泥培养和驯化怎样进行？

根据培养和驯化的程序，过程可分为同步法和异步法。异步法是采用先培养，使细菌增殖到足够数量后再用工业水驯化。同步法是培养增殖和驯化同时进行的方法。

（1）异步法 对于工业废水或以工业废水为主的城市污水，一般采用此法，一般按以下程序进行。

① 向好氧池注入清水（同时引入生活污水）至一定水位，并注意水温达 18～30℃。

② 按风机操作规程启动风机，鼓风。

③ 向好氧池投加经过滤的浓粪便水（当粪便水不充足时，可用化粪池和排水沟内的污泥补充），使得污泥浓度不小于 1000mg/L，BOD 达到 300～500mg/L。

④ 有条件时可投加活性污泥的菌种，加快培养速度。

⑤ 连续曝气 24～48h，停止曝气，静沉 1～1.5h 后排出上清液（排出量为混合液容积的 50%～70%），接着向池内抽加新鲜的生活污水和粪便污水，然后曝气，如此反复。开始时每 1～2d 换一次水，后期可缩短换水时间。

⑥ 通过镜检及测定沉降比、污泥浓度，注意观察活性污泥的增长情况。并注意观察在线 pH 值、DO 的数值变化，及时对工艺进行调整。

⑦ 注意观察活性污泥增长情况，当通过镜检观察到菌胶团大量密实出现，并能观察到原生动物（如钟虫），且数量由少迅速增多时，说明污泥培养成熟，可以进生产废水，进行驯化。

⑧ 在进水中逐步增加工业废水的比重，开始时工业废水按设计流量的 10%～20% 加入，出水达到较好的效果时，再继续增加其比重，每次增加的百分比按设计流量的 10%～20% 为宜，并待微生物适应后继续增加，直至满负荷为止，即驯化完成。从培养到驯化完成一般需要 15～30d 时间，如工业废水可生化性不好，可能会需要更长的时间。

（2）同步法　为了缩短培养和驯化的时间，也可以把培养和驯化这两个阶段合并进行，即在培养开始就加入少量工业废水，并在培养的过程中增加比重，如活性污泥在增长的过程中，逐步适应工业废水并具有处理它的能力。这种方法一般需要有一定运行经验。第一次工业废水投入的比例按实际进水量的 10% 左右，以后根据出水效果，适当提高或减少比例。

110 污泥厌氧消化污泥菌种来源有哪些？

接种污泥一般取自正在运行的厌氧处理装置，尤其是城市污水处理厂的消化污泥，当液态消化污泥运输不便时，可用污水处理厂经机械脱水后的干污泥。在厌氧消化污泥来源缺乏的地方，可从废坑塘中取腐化的有机底泥，或以人粪、牛粪、猪粪、酒糟或初沉池底泥过滤后进行培养（2mm×2mm 孔网过滤）。厌氧消化污泥可以用初沉污泥（生活污水初沉池）和活性污泥进行培养。

111 污泥厌氧消化培养厌氧消化污泥的一般方法是什么？

最方便的培养与驯化方法是从已运行的消化池直接接种，接种量最好能达到消化池有效容积的 90% 以上。如无此条件则可自行培养。有逐步培养法和一次培养法两种方法。

（1）逐步培养法　即将一定数量的新鲜污泥投入消化池，然后通入蒸汽，升温速度控制在 1℃/h 左右，升到预定温度后，即使其保持恒定，并逐步投加一定数量的新鲜污泥，在达到设计泥面后，停止投泥，成熟时间需 30~40d，然后投入正式运行。

（2）一次培养法　即将池塘中的陈腐淤泥投入消化池内，数量应占消化池有效容积的 1/10。再加入新鲜污泥至设计泥面，然后通入蒸汽加热，升温速度保持在 1℃/h 左右，达到消化温度，池内 pH 值控制在 6.5~7.5 稳定 3~5d，使污泥成熟后产生沼气，再投加新鲜污泥。

培养过程中如果污泥呈酸性，可人工加碱（石灰），pH 值调节至 6.8~7.8 之间。

112 厌氧消化污泥培养成熟后的特征有哪些？

培养结束后，成熟的污泥呈深灰色到黑色，有焦油气味，但无硫化氢臭味，pH 值在 7.0~7.5 之间，污泥容易脱水和干化。对进水的处理效果高，产气量大，沼气中甲烷成分高。培养成熟的厌氧消化污泥的基本指标和参数见表 2-8。

表 2-8　培养成熟的厌氧消化污泥的基本指标和参数

项　　目	允许范围	最佳范围
pH 值	6.4~7.8	6.5~7.5
氧化还原电位 ORP/mV	-550~-490	-530~-520
挥发性有机酸 VFA（以乙酸计）/(mg/L)	50~2500	50~500
硬度 ALK（以 $CaCO_3$ 计）/(mg/L)	1000~5000	1500~3000
VFA/ALK	0.1~0.5	0.1~0.3
沼气中 CH_4 含量（体积分数）/%	>55	>60
沼气中 CO_2 含量（体积分数）/%	<40	<35

113 哪种方法比较适合生活污水沉淀污泥的甲烷菌驯化？

为探索哪种方法比较适合生活污水沉淀污泥的甲烷菌驯化，在吉化污水处理厂投产过程中进行了对比试验，两消化池有效容积为 1100m³。

（1）对比试验情况　1#消化池采用逐步培养法，首先逐日投入污泥，达 500m³ 后，对其进行升温加热，升温后温度控制在 33~35℃，然后每日投入 30m³ 新鲜污泥，20d 后 1#消化池达设计泥面，维持其温度，每日分析其污泥组成及所产生气体成分，按理论规定，所产生气体组成甲烷气达 50％以上时，视为甲烷菌驯化成熟，采用这种驯化方法，1#消化池成熟时间竟达 70d。

2#消化池采用一次培养法，即先将消化池投满再升温加热，按理论介绍，应将一定量的淤腐污泥投入消化池内以便进行甲烷菌的接种，因需要量较大，附近又没有池塘，远处运输较困难。生活污水沉淀污泥本身细菌又较多，便于进行有机物分解，产生甲烷菌。因此，也就没有加淤腐污泥接种，而其甲烷菌成熟时间却只有 40d。

（2）试验结果分析

① 试验中生活污水沉淀污泥成分及变化情况　生活污水沉淀污泥各种分析指标如下：有机物 56.22％，氨氮 91.88mg/L，脂肪酸 19.29mg/L，碱度 23.98mg/L，pH 值 5.25。可见生活污水沉淀污泥明显特点是，有机物含量高、pH 值低。有机物含量高，这在生活污水沉淀污泥中是无可非议的，生活污水 pH 值一般在 7.2 左右，为什么其沉淀污泥竟在 5.25 左右？原因是，生活污水有机物较多，温度高，细菌含量也较高，污水中悬浮物沉淀下来后，经刮板刮至泥斗，再从泥斗中排出，需时较长（至少在 8h 以上），而这一阶段恰好形成厌氧环境，在污泥中酸性菌适应性较弱，又很活跃，短时间内形成酸性分解，分解出有机酸，降低了 pH 值，基于这种污泥泥质，采用不同的驯化方法产生了不同的结果。两池投产过程指标变化见表 2-9。

表 2-9 不同时间两池的分析结果

项目	1# 消化池							2# 消化池			
时间/d	10	20	30	40	50	60	70	10	20	30	40
有机物/%	53.19	50.60	58.32	51.37	62.50	67.09	42.62	54.40	60.52	57.30	38.56
氨氮/(mg/L)	309.12	394.24	423.28	394.16	421.12	414.90	497.00	296.24	321.44	284.48	429.52
脂肪酸/(mg/L)	40.20	43.60	45.00	41.80	53.80	49.90	27.10	31.00	41.60	45.80	27.80
碱度/(mmol/L)	39.90	31.31	26.19	33.43	33.29	32.03	42.64	26.13	27.03	27.13	34.03
pH 值	5.08	5.05	5.05	5.20	5.20	5.30	6.60	5.10	5.20	5.30	6.50
甲烷组成/%	5.88	18.15	18.50	21.51	24.86	35.42	52.22	19.61	23.84	38.31	53.09

由上可见，2# 消化池进展迅速，1# 消化池进展缓慢，相差竟达 1 个月。

② 从消化原理上分析试验结果 污泥消化分为两个阶段，即酸性消化阶段和碱性消化阶段，污泥经厌氧后，首先进行酸性消化阶段，产生有机酸、醇以及 CO_2、NH_3 等气体。此时污泥呈酸性，然后甲烷菌利用所产生的有机酸、醇进行消化分解有机物，产生 CH_4、CO_2 等气体。由于甲烷菌适应能力较弱，其适应的 pH 值范围在 6.8～7.2 之间，因此，在甲烷菌驯化过程中，由酸性环境产生甲烷菌，这个转化过程比较困难，在两池的驯化过程中，可见其碱度的降低—升高以及脂肪酸的升高—降低过程，反映了甲烷菌的逐步形成过程，而 1# 消化池因一开始呈酸性，而逐日投加的新鲜污泥也呈酸性，投加新鲜污泥，不仅不起到 pH 值调节作用，而且由于新鲜污泥投入后又大量产生脂肪酸，抑制了甲烷菌的生长和繁殖，使其成熟较为缓慢。2# 消化池虽然一开始即呈酸性，而且脂肪酸也在增加，但它没投加新鲜污泥，脂肪酸升到一定高度后受到甲烷菌的分解而逐渐降低，无法形成持续的酸性环境。由于甲烷菌大量繁殖，碱性消化逐渐增强，且能达到与酸性消化相平衡的时候，这样即可进入正常的消化过程，pH 值趋向中性，所产生气体逐步达标，气量逐渐增大，甲烷菌驯化即完成了。

（3）试验结论 虽然甲烷菌的驯化可能受到许多因素的影响，但由上述分析可见，不同方法的选用也有相当大的影响，而且驯化能否顺利，直接影响甲烷菌活性，也就直接影响到将来的产气量，因此在生活污水沉淀污泥消化的甲烷菌驯化过程中，建议采用一次培养法。2#消化池在实践中抛弃了理论上的加淤腐污泥，是人工加碱的方法，一次投加。既省事又省时，效果又好，是一种可行的优良方法，可以减少许多不必要的时间和麻烦，有利于将来消化的顺利运行。

114 如何开展 A/O 工艺硝化及反硝化细菌的驯化？

以吉化污水处理厂改扩建后投产过程为例，1996 年 8 月，改扩建后的装置全部投入运行。改扩建后的吉化污水处理厂主体工艺由传统的活性污泥法生化处理改为 A/O 工艺运行，设计处理混合化工废水 $24 \times 10^4 m^3/d$。该工艺是国内首次应用到大规模工业废水处理装置中，其主要特点是克服了过去的活性污泥法不能去除氨氮的缺点，为污水排放氨氮达标提供了保障。生化系统自采用 A/O 生物脱氮工艺以来，由于硝化反应消耗大量碱，设计生化进水碱度为 7mmol/L，实际运行仅为 3mmol/L。从 1997 年 5 月起，污水处理厂通过酸水中和工艺提高中和后的工业废水碱度，来保证生化进水碱度需要，对生化反应进行了 A/O 工艺硝化及反硝化细菌的驯化，并进行了阶段性的考核。硝化作用启动前后氨氮去除情况见表 2-10。

表 2-10 硝化作用启动前后氨氮去除情况

项目	进水氨氮/(mg/L)	出水氨氮/(mg/L)	氨氮去除率/%	进水碱度/(mmol/L)	剩余碱度/(mmol/L)
1997 年 4 月	89	78	12	2.8	2.6
1997 年 5 月	90	67	26	5.8	2.1
1997 年 6 月	98	44	55	3.9	0.5
设计	78	25	68	7.0	

由表 2-10 可见，4 月由于进水碱度偏低，氨氮去除率与传统活性污泥法并无多大区别，实际系统中没有建立硝化作用；5 月为硝化作用的启动阶段，进水碱度达到了 5.8mmol/L，氨氮去除率

有所上升；6 月氨氮去除率达到了 55%。因进水碱度始终没能达到设计水平，氨氮去除率也没达到设计的 78%。而进水碱度受中和剂电石渣质量及后续污泥处理能力等多种因素制约，运行中高碱度的保持十分困难。

115 **在低碱度下如何开展 A/O 工艺硝化及反硝化细菌的驯化？**

A/O 工艺启动后，吉化污水处理厂对运行中存在的问题进行了逐步完善，在 1999 年及 2000 年去除效率达到了一个较好的水平。但进入 2003 年，受短期内进水氨氮大幅度上升及异常水质的冲击影响，硝化作用基本消失。而此时中和用电石渣资源并不充分，靠高碱度启动已不可能，因此又探索了新式的 A/O 工艺硝化及反硝化细菌的驯化方式，即 A/O 工艺的低碱度启动。

从 2003 年 3 月起开始考虑通过调整各系列进水量降低运行负荷来启动 A/O 工艺。将启动方式改为分阶段分组进行，老系统的 Ⅰ、Ⅱ系列为第一组，Ⅳ系列为第二组，Ⅲ系列为第三组。

（1）老系统（Ⅰ、Ⅱ系列）硝化作用的建立 4 月 1 日将生化反应 Ⅰ、Ⅱ系列单系列进水量由 $800m^3/h$ 减至 $600m^3/h$，水力停留时间达到 50h 以上，30d 后 NH_3-N 去除效果显著增加。5 月，硝化作用建立完成。硝化作用建立前后的有关数据见表 2-11。

表 2-11 老系统（Ⅰ、Ⅱ系列）硝化作用的建立情况

项目	进水量 /(m³/h)	碱度 /(mmol/L)	水力停留时间 /h	氨氮去除率 /%
3 月	900	4.13	38.4	6
4 月	600	3.83	50	30
5 月	800	3.92	43.2	49

（2）Ⅳ系列硝化作用的建立 8 月 26 日Ⅳ系列进水量由 $1300m^3/h$ 减至 $800m^3/h$，20d 后又降至 $500m^3/h$（停留时间达到 90h），26d 后出水 NH_3-N 由 50mg/L 降至 20mg/L。期间有关数据见表 2-12。

表 2-12　Ⅳ系列硝化作用的建立情况

项目	进水量 /(m³/h)	碱度 /(mmol/L)	水力停留时间 /h	氨氮去除率 /%
8 月	1300	4.2	38.28	5
9 月	800	3.8	62.5	31
10 月	1300	3.7	38.28	50

　　(3) Ⅲ系列硝化作用的建立　　10 月 22 日Ⅲ系列进水量由 1800m³/h 降至 1000m³/h，5d 后出水 NH_3-N 浓度没有变化，10 月 28 日进水量再降至 600m³/h（停留时间达到 80h），再过 4d 后，出水 NH_3-N 浓度开始下降，说明系统硝化作用逐步建立。有关数据见表 2-13。

表 2-13　Ⅲ系列硝化作用的建立情况

项目	进水量 /(m³/h)	碱度 /(mmol/L)	水力停留时间 /h	氨氮去除率 /%
10 月	1800	3.7	27.8	1
11 月	600	3.8	83.3	33
12 月	1200	3.7	41.6	58

　　从以上启动情况分析，A/O 工艺的启动在较高碱度下可以较顺利地完成全生化反应系统 A/O 工艺硝化及反硝化细菌的驯化。在进水碱度并不充分的情况下，可以通过减少进水量、延长水力停留时间实现硝化作用的建立。通过三次低碱度启动看，启动期间负荷越低，启动效果越好。但是，启动以后的运行效果，仍取决于进水碱度情况。可见，影响氨氮去除率的因素主要是进水碱度和水力停留时间。碱度是前提，时间是保障。二者缺一不可。

116 什么是废水处理的生物膜？什么是生物膜的驯化？

　　生物膜是附着生长在固体状材料表面的由多种微生物形成的膜状生物聚集体。

　　生物膜的驯化是指对培养的生物膜逐步适应被处理污水中的有

机污染物对其生长的影响，最终能降解这类有机污染物的过程。

117 **废水处理生物膜法分哪几类？**

根据生物膜法的反应器的附着状态，生物膜反应器可以划分为固定床和流动床两大类。常见的生物膜法包括生物滤池、生物转盘、接触氧化、好氧生物流化床等。

118 **废水处理生物膜驯化挂膜常采用的方法有哪些？**

废水处理生物膜驯化挂膜常采用的方法有直接挂膜法和间接挂膜法两种。在各种形式的生物膜处理设施中，生物接触氧化池和塔式生物滤池由于具有曝气系统，而且填料量和填料空隙均较大，可以使用直接挂膜法；而普通生物滤池和生物转盘等设施需要使用间接挂膜法。

（1）废水处理生物膜驯化直接挂膜的方法　该方法是在合适的水温、溶解氧等环境条件及合适的 pH 值、BOD_5、C/N 等水质条件下，让处理系统连续进水正常运行。对于生活污水、城市污水或混有较大比例生活污水的工业废水可以采用直接挂膜法，一般经过 7～10d 就可以完成挂膜过程。

（2）废水处理生物膜驯化间接挂膜的方法　对于不易降解的工业废水，为了保证挂膜的顺利运行，可以通过预先培养和驯化相应的活性污泥，然后再投加到生物膜处理系统中，进行挂膜。通常的做法是：先将生活污水或其与工业废水的混合污水培养出活性污泥，然后将该污泥或其他类似污水处理厂的污泥与工业废水一起放入一个循环池内，再用泵投入生物膜法处理设施中，出水和沉淀污泥均回流到循环池。循环运行形成生物膜后，通水运行，并加入要处理的工业废水。

可先投配 20%（设计流量）的工业废水，经分析进出水的水质变化情况，判断生物膜是否具有一定处理效果后，再有计划、有步骤逐步加大工业废水的比例，直到全部都是工业废水为止。

119 **废水处理生物膜驯化和培养都需要注意什么？**

（1）开始挂膜时，进水流量应小于设计值，可按设计流量的

20％～40％启动运转。在外观可见已有生物膜生成时，流量可提高至60％～80％。待出水效果达到设计要求时，即可提高流量至设计标准。

（2）当水中出现亚硝酸盐时，表明生物膜上硝化作用进程已开始；当出水中亚硝酸下降，并出现大量硝酸盐时，表明硝化菌在生物膜上已占优势，挂膜工作宣告结束。

（3）挂膜所需的环境条件与活性污泥培菌时相同，要求进水具有合适的营养、温度、pH值等，尤其是氮、磷等营养元素的数量必须充足，同时避免毒物的大量进入。

（4）因初期膜量较少，反应器内充氧量可稍少，使溶解氧不致过高；同时采用小负荷进水的方式，减少对生物膜的冲刷作用，增加填料或填料的挂膜速度。

（5）在冬季13℃时挂膜，整个周期比温暖季节延长2～3倍。

（6）在生物膜培养挂膜期间，由于刚刚长成的生物膜适应能力较差，往往会出现膜状污泥大量脱落的现象，这可以说是正常的，尤其是采用工业废水进行驯化时，脱膜现象会更严重。

（7）要注意控制生物膜的厚度，保持在2mm左右，不使厌氧层过分增长，通过调整水力负荷（改变回流水量）等形式使生物膜脱落均衡进行。同时随时进行镜检，观察生物膜生物相的变化情况，注意特征微生物的种类和数量变化情况。

120 生物膜形成的六阶段学说是什么？

在生物膜形成的初期，首先是单个细菌感应到环境信号而运动到填料表面；由于填料表面的结构和细胞壁的作用引起个别的细菌以及单层细菌的附着；然后附着细菌表面蛋白质引起细菌之间相互作用形成了微群落；这种趋势继续发展并在多聚糖的作用下形成成熟的生物膜；最终由于环境条件改变不再适应生物膜的维持时发生脱落，细菌离开填料表面再次处于浮游态，形如生物膜更新的另一周期。

121 厌氧生物膜法处理废水生物膜驯化的方式有哪些？

生物膜驯化有两种方式：一种是驯化和培养相结合；另一种是

先培养后驯化。前者的操作方式是可取厌氧消化污泥，数量充足的污泥同工业废水、清水、养料按适当比例混合作为进水，在出现明显生物膜迹象后，再逐步调整工业废水比例，这种方式适合试验性装置；后者对于大型生物滤池，需要的生物泥量多，可采用生活污水和城市污水进行运行和培养，待生物膜成功后，再逐步引入工业废水，逐渐进行驯化。

122 驯化厌氧生物膜过程中需要注意哪些关键性问题？

（1）用于培养和驯化的污泥可以采用污泥消化池、城市生活污水污泥，最好采用循环回流方式，可加速挂膜。

（2）开始挂膜时，进水流量应小于设计值，可按设计流量的 20%～40% 启动运转，在外观可见已有生物膜生成时，再将流量提高到 60%～80%，直至达到设计要求，小负荷进水方式，可减少对生物膜的冲刷作用，增加填料或填料的挂膜速度。

（3）因厌氧污泥生活的环境温度要求相对较高，对温度突变非常敏感，要随时测定废水温度变化，挂膜可以在夏季进行，更有利于成膜。

（4）厌氧生物挂膜所需的环境条件与活性污泥培养时一样，要求进水具有合适的营养、温度、pH 值等，尤其是氮、磷等营养元素的数量必须充足，一般认为合理的是 COD：N：P＝200：5：1，C：N＝12：16，同时要避免毒物的大量进入，一些研究表明，一般认为无机酸的浓度不应使消化液的 pH 值降到 6.8 以下，氨氮不应超过 1000mg/L，硫离子不应超过 100mg/L，氯离子不应超过 200mg/L，还有一些重金属对系统都有抑制作用，一般来说，多数毒物对甲烷细菌的毒性比对其他细菌的毒性大。

（5）水力停留时间延长，HRT 13～17d，有利于微生物充分地降解有机物，提高处理效率，当然，考虑到基建成本，反应器体积也不是越大越好。

（6）水力负荷对处理效率的影响表现在两方面：一是影响停留时间，水力负荷过大，废水与生物膜的接触时间短，微生物厌氧消化去除污染物的效率降低，表现为 COD 去除率下降；二是水力负荷的增加，加大了水流对生物膜的冲刷，有利于生物膜的新陈代谢、更新脱落和 COD 的去除，因此在考虑处理效率的同时，保证一定的水力负荷。

（7）一般厌氧生物滤池有机物负荷（以 COD 计）为 $1\sim10$ kg/$(m^3 \cdot d)$，因此在启动初期可稀释高浓度的废水，用较低的初始负荷，再逐步增加有机负荷的方式完成启动。

（8）甲烷菌的世代期很长，停留时间足够长才能有效地去除 COD，可以设置污泥回流装置，延长污泥停留时间，提高泥龄。

（9）厌氧反应 pH 值以 $7.2\sim7.4$ 为好，一般希望原废水的 pH 值为 $6\sim8$，碱性状态能抵制有机酸的过分积累，增加缓冲能力，微碱性促进甲烷菌的增长。

（10）驯化过程中通过观察挥发性有机酸（VFA）的变化，可以从中判断整个厌氧反应的过程情况。

（11）通过对氧化还原电位的测定，来判断厌氧环境。

（12）通过注意对 COD 去除率的变化情况的观察，从中可以判断驯化情况。

（13）观察厌氧污泥外观变化情况，随时观察生物相。

123 厌氧生物膜微生物有何特点？

厌氧生物膜微生物种群包括发酵菌群、产氢产乙酸菌群、甲烷细菌，微生物量大，可保持稳定的污泥量，泥龄长，有良好的抗冲击负荷能力，故处理效果好，但启动时间长。成熟的厌氧生物膜外观呈黑灰色，研究者通过 SEM 电镜观察到以陶粒作为填料的厌氧生物膜的挂膜情况，未挂膜的陶粒表面粗糙，表面和内部充满了大大小小的孔隙，挂膜成功后，陶粒表面裂缝和孔隙中已长满了微生物，有机物和气体的进出孔的通道清晰可见，填料可以让微生物固着生长形成生物膜，并可以截留微生物让其在填料与填料的缝隙之间，从而使反应器获得高浓度微生物量，同时，微生物以填料为依托，以生物膜的形式在介质中全部铺展开来，使微生物与介质充分接触，保持微生物在整个介质中均匀分布，保证系统的最佳传质的实现，并且与活性污泥相比，剩余污泥量要少，避免污泥膨胀的产生。

124 如何判定厌氧生物膜驯化成功？

（1）从 COD 去除率和 VFA 的变化趋势可以判断出驯化情况，在一定范围内，随着 COD 去除率的逐步提高，VFA 会呈下降趋势，当然这是以整个厌氧全过程来说。

（2）pH 值变化情况是：随着甲烷菌的逐步成熟，pH 值会逐渐提高。

（3）成熟的生物膜表面呈黑灰色。

125 厌氧生物膜法中挥发酸（VFA）指标代表什么含义？

VFA 是一个以乙酸为计量标准的指标，因为只有乙酸盐才能被甲烷菌直接利用，所以通过 VFA 的变化了解甲烷菌的生长情况和消化液的缓冲能力，通常系统中挥发性脂肪酸浓度（以乙酸计）以不超过 3000mg/L 为佳。厌氧处理机理中共分为水解、酸化、产氢产乙酸、碱性四阶段，前两个阶段是大量有机酸积累的过程，此时生成一些丙酸盐、丁酸盐、戊酸盐、乙醇等，不能被甲烷菌直接利用，在后两个阶段，pH 值上升，消化液有了一定的缓冲能力，以前所产生的各种酸在产氢产乙酸菌的作用下转化为乙酸，甲烷菌可直接利用，某市政污水处理厂采用厌氧生物膜反应器处理高浓度废水，它在点燃甲烷前，塔内 VFA 一直维持在 2000mg/L 以上，点火之后，VFA 被迅速利用，直降到 400mg/L，说明塔内消化液中酸性、碱性的消化和生化达到了平衡，产酸菌源源不断地提供甲烷菌所需要的营养物质和基质（CH_3COO^-、H_2、CO_2 等），甲烷菌利用这些基质进行生命活动，使 VFA 下降，并产生甲烷，VFA 是一项非常有用的监测指标，通过 VFA 的测定，可以有效地监控系统的平衡状态。

126 厌氧生物膜法中 pH 值会发生什么变化？

以某市政污水处理厂为例，这个厂采用厌氧生物膜处理高浓度酸性废水，pH 值为 4～5，考虑到厌氧的酸化过程使 pH 值有下降趋势，因此驯化初期加入 NaOH 进行中和，使厌氧塔内有足够的缓冲空间中和酸性，防止酸败，保证甲烷菌的正常生长，驯化进行1个月时，进水 pH 值为 4～5，出水 pH 值小于 7，且不随 NaOH 量而变化，说明厌氧塔内仍处于酸性阶段，厌氧甲烷菌仍未成熟，直到驯化进行了 2 个月，进水 pH 值为 4～5，出水 pH 值为 7.5，并且稳定在 7～8，说明反应塔内呈中性是厌氧甲烷菌具有活性的前提条件，只有甲烷菌成熟后才能有效地去除 COD 和 VFA。

127 **如何通过氧化还原电位（ORP）值对厌氧生物膜法进行控制？**

厌氧环境是厌氧消化过程中赖以正常进行的最重要的条件，而厌氧环境主要以体系中的 ORP 来反映。一般情况下，分子氧的存在是引起发酵系统的 ORP 升高的最主要和最直接的原因，除此以外，各种氧化剂或氧化态物质均能使体系中的 ORP 升高，当其浓度达到一定程度时，会危害厌氧消化过程的进行。

不同的厌氧消化系统要求 ORP 值不尽相同，同一系统中，不同的菌群要求的 ORP 也不同，资料表明，高温厌氧消化系统适宜的 ORP 为 -600～500mV，中温厌氧消化系统要求的 ORP 低于 -380～-300mV，产酸细菌对 ORP 要求不严格，可以 -100～100mV 的兼性条件下生长繁殖，而甲烷细菌最适宜的 ORP 为 -350mV 或更低。大多数的厌氧消化只要严格地隔绝空气，就可以保证必要的 ORP 值，但对于现行有些技术学者经过了试验研究表明，为去除硫化氢对环境的污染，水解酸化池中可在微曝气下进行。

第四节　影响污水处理厂稳定运行的因素管理

128 **污水处理过程中产生污泥腐败现象常见在哪些部位？**

产生污泥腐败的常见位置有生化反应池厌氧段（A 段）和二次沉淀池靠近周边位置处，未能及时排出污水处理系统的污泥，如初沉池、浓缩池及污泥泵房等处。

129 **产生污泥腐败的原因是什么？**

污泥腐败主要是活性污泥有机分在水中长时间厌氧条件下分解

产生的一种现象。生化池厌氧段机械搅拌区死角会有活性污泥沉积，以及二次沉淀池池底刮板长期刮不到的污泥，周边提泥管线较长，阻力较大，可能发生沉淀污泥在池中长时间滞留、堆积，活性污泥就会腐败、上浮。

另外，污泥脱水系统未能及时将应处理的污泥经脱水排出，会造成污泥在污水处理系统内循环流动，形成污泥的自身分解，从而形成污泥腐败。

130 污水处理单元产生污泥腐败后对污水处理系统运行有哪些不利影响？

如果生化池厌氧段腐败污泥过多，腐败的污泥由于附着大量微小气泡将漂浮在水面之上，大量聚集后在厌氧段形成厚厚的隔离层，我国北方冬季积雪落在上面就会冻结，影响池内搅拌器的更换、检修；同时腐败分解后的污泥也会向水中释放出溶解性的有机物，污泥自身分解有机物再次降解将会十分困难；如果二次沉淀池靠近周边位置处腐败污泥过多，则腐败后的污泥会上浮至水面上，形成形状、大小不一的泥块聚集在集水槽三角堰板周边，如处理不及时则会被二次沉淀池出水冲走，进而影响排放污水的 COD、SS 值。

131 如何控制污泥腐败现象？

（1）控制二次沉淀池中污泥腐败　要定期检查沉淀池内刮吸泥机刮板是否变形及完好情况，对于破损的刮泥板应及时安排检修处理，避免在池底局部形成污泥死区；要避免刮吸泥机集泥槽因腐蚀泄漏，污水流入集泥槽影响沉淀污泥提升现象发生；要保证提泥管畅通、提泥状态良好，当发生堵塞时及时进行清通处理；稳定控制污泥回流泵房集泥池液位在合理范围内，确保刮吸泥机提泥管提泥时所需要的压力。

（2）减少生化池中污泥腐败　一方面，生化池内产生污泥腐败主要是由于生化反应池厌氧段机械搅拌存在死角造成的，控制潜水搅拌器在水中的深度，以及推水角度在适当位置，定期检查搅拌器运行状态可以降低生化池污泥腐败现象的发生；另一方面，曝气器损坏或曝气不均匀可能造成曝气区域局部积泥，运行中要保持好生化反应系统曝气器及曝气管线的完好。

（3）保证初沉池运行通畅　　初沉池沉淀污泥要能够及时排出，运行中通过测池内污泥层、观察排泥浓度变化情况、观察排泥量变化情况，确保初沉池污泥得到及时排出。如有堵塞、积砂、阀门泄漏，要能够及时发现、及时处理。

（4）加强污泥脱水管理，防止污泥再次进入污水处理系统　　污泥浓缩池要保证正常浓缩、排泥、排水。一般经浓缩后出水 SS 应低于 500mg/L。污泥脱水系统要保证脱水效率，污泥脱水过程中滤液 SS 应低于 1000mg/L。要防止污泥处理过程中因设备故障或操作失误造成污泥再次流入污水处理系统中。

132 水解酸化处理废水的基本原理是什么？

水解酸化是完全厌氧生物处理的一部分，完全厌氧生物处理共分 4 个阶段。

（1）水解阶段　　高分子有机物因分子量大，不能透过细胞膜，不能为细菌直接利用。因此在第一阶段高分子被细菌细胞外酶分解为小分子。

（2）酸化阶段　　上述小分子化合物在发酵细菌细胞内转化为更为简单的化合物并分泌到细胞外。这一阶段的主要产物有挥发性脂肪酸、醇类、乳酸、二氧化碳、氢气、氨、硫化氢等。

（3）产乙酸阶段　　上一阶段的产物被进一步转化为乙酸、氢气、碳酸以及新的细胞物质。

（4）产甲烷阶段　　乙酸、氢气、碳酸、甲酸和甲醇等被转化为甲烷、二氧化碳和新的细胞物质。

水解酸化利用的是废水厌氧降解过程的水解阶段和酸化阶段两个阶段。厌氧降解过程如图 2-21 所示。

从图 2-21 中可以看出，正常情况下废水厌氧降解应停留在水解阶段、酸化阶段，水解酸化池对有机物的降解在一定程度上只是一个预处理过程，水解反应过程中没有彻底完成有机物的降解任务，而是改变有机物的形态，具体来讲，是将大分子物质降解为小

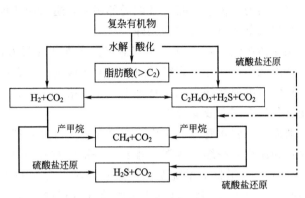

图 2-21　厌氧降解过程

分子物质，将难生化降解物质降解为易生化降解物质，从而提高废水的可生化性。

133 水解酸化的主要特点是什么？

水解酸化的主要特点如下。

（1）经水解反应后，酸性化合物的种类和数量大幅度增加。

（2）经水解酸化反应后，有机物的种类并没有减少，相反增加了许多小分子的化合物，这些化合物是水解酸化反应的中间产物，同时悬浮性有机物量有所减少。

（3）当进水中主要有机物相当部分为大分子化合物时，这些物质经水解酸化后均能得以降解。

（4）经水解酸化反应后，大部分产物是酸性小分子化合物，且多为 $C_2 \sim C_6$ 化合物。

（5）一些难以生物降解的有机物得以去除。

（6）在低温环境下仍有较好的去除效果。

（7）水解污泥的沉降性能良好，沉降性能优于初沉污泥和曝气池污泥。

134 影响水解酸化池运行效果的有哪些主要因素？

对水解酸化过程产生影响的因素主要有以下几方面：pH 值、水力停留时间、温度、基质的种类和形态、粒径等。

（1）pH值　　pH值是水解酸化过程中一个重要的影响因素。众多实验研究表明，水解酸化微生物对pH值变化具有很强的适应能力，一般当废水的pH值在3.5～10之间时，水解酸化都能正常进行，但最佳pH值在5.5～6.5之间。

（2）水力停留时间　　水力停留时间是水解反应器运行控制的重要参数之一。但不同的反应器，水力停留时间的影响是不同的。反应器单纯地以水解为目的，则水力停留时间越长，水解效率越高。但当水力停留时间超过某一限值时，其COD去除率并无明显变化，甚至还会出现负值。

（3）温度　　由于水解酸化反应过程是典型的生物反应过程，因此温度变化对水解酸化反应的影响符合一般生物反应的基本规律，即在一定范围内，温度越高，水解反应速率越大。但同时温度也不宜超过一定的范围，否则会对微生物的生长繁殖产生影响。

（4）基质的种类和形态　　对于水解酸化过程，分子量越大，分子结构越复杂，水解酸化越困难。对于同类有机物，分子量大的有机物比分子量小的有机物难水解，支链结构的分子比直链结构的分子难水解，杂环化合物比单环化合物难水解。

（5）粒径　　粒径对水解酸化过程的影响主要是针对颗粒状有机物水解酸化速率。粒径越大，有机物的比表面积越小，水解速率也就相应越小。

135 **如何确定污水水解酸化作用已经开始？如何确认水解酸化池驯化工作已经完成？**

（1）进行判定　　一是水解酸化池出水的挥发酸较进水有很大程度的提高；二是水解酸化池出水的氨氮较进水增加；三是池周边有臭味。

（2）驯化完成标志　　一是通过观察，水解酸化池内放置有活动填料，发现填料上形成较厚的黏膜，水体有变黑的迹象；二是通过闻，水解酸化池边有明显的臭味；三是通过分析数据，主要是挥发酸和氨氮浓度的增加。

136 为什么水解酸化池经常出水的 B/C 不但不提高，反而降低呢？

通过生产实际运行，人们发现，对于化工混合废水，水解后的 COD 和 BOD_5 都不同程度地低于水解酸化前，B/C 也随之降低，经过大量的生产试验，人们认为这主要有三点原因：一是通过水解酸化，废水的 COD 降低了；二是水解酸化池通过微生物在厌氧条件下的水解酸化，以及其他的物理化学反应，将污水中一些长链难以降解的有机物分解为一些短链容易生化降解的有机物，在 COD 的测定方法中重铬酸钾的氧化性比较强，但是对于芳香烃、杂环芳香烃类，长链有机物不能氧化，经过水解酸化后可被氧化的有机物增多，使得 COD 增高；三是由于废水中的硫酸盐和亚硫酸盐在缺氧状态下被硫酸盐还原菌作为电子受体还原生成了硫化氢。硫化氢在水里的溶解度较高，每克以硫化氢形式存在的硫相当于 2g COD，并且在此过程中硫酸盐或亚硫酸盐被还原需要有足够的可生化性物质参与反应，如图 2-22 所示。

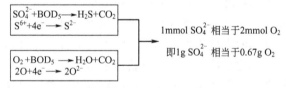

图 2-22 硫酸根与可生物降解物质在硫酸盐还原中的关系

因此虽然含硫废水中难降解的有机物被降解为可生化的有机物，废水的可生化性提高了，但由于废水中的硫酸盐在硫酸盐还原菌的作用下被还原生成硫化氢，硫化氢溶解在水中充当了 COD，并且可生化性有机物参与其中的反应。基于这两方面，所以当水解酸化功能已经建立时，一定是 BOD_5 去除率高于 COD 去除率，并且水解酸化后 B/C 降低。为了能真实、准确地对水解酸化功能做出评价，可通过计算得出废水中有多少硫化氢充当了 COD，这样就可以真实计算出水解酸化后的废水 B/C 增大了。

同时需要说明的是，废水在水解酸化过程中产生的硫化氢虽然充当了 COD，但由于硫化氢是强还原剂，水解酸化后的好氧生物处理工艺很快就会将其氧化处理掉，所以它既不会影响废水的可生化性，也不会影响废水的最终生化处理效果。

137 水解酸化池内的废水为什么有时呈黑色？

主要是 Fe、Cr 等重金属与 S^{2-} 结合形成的 FeS_2 等物质，这也是水解酸化池正常运行的一种标志。

138 污水处理厂污泥的种类有哪些？

污水处理厂接触到的污泥，其分类方法常用的有两种。

（1）按污水的处理方法或污泥从污水中分离的过程

① 初沉污泥　污水一级处理产生的污泥。

② 剩余活性污泥　活性污泥法产生的剩余污泥。

③ 腐殖污泥　生物膜法二沉池产生的沉淀污泥。

④ 化学污泥　化学法强化一级处理或三级处理产生的污泥。

（2）按污泥的不同产生阶段

① 生污泥　从初沉池和二沉池排出的沉淀物和悬浮物的总称。

② 浓缩污泥　生污泥浓缩处理后得到的污泥。

③ 消化污泥　生污泥厌氧消化得到的污泥。

④ 脱水污泥　经过脱水处理后得到的污泥。

⑤ 干燥污泥　经过干燥处理后得到的污泥。

139 污泥中的水分组成如何分类？

污泥中所含的水分可分为以下 4 种。

（1）间隙水　不与固体直接结合而是存在于污泥颗粒之间的水分称为间隙水。其作用力弱，因而很容易分离。这部分水是污泥浓缩的主要对象。间隙水约占污泥水分总量的 70%。

（2）毛细结合水　在细小污泥固体颗粒周围的水分，由于产生毛细现象，既可以构成在固体颗粒的接触面上由于毛细压力的作用而形成的楔形毛细结合水，又可以构成充满于固体本身裂隙中的毛细结合水。各类毛细结合水约占污泥水分总量的 20%。

（3）表面吸附水　是指吸附在污泥颗粒表面的水分，约占污泥水分总量的 7%。污泥常处于胶体状态，故表面张力作用吸附水分较多，且去除较难。

（4）内部（结合）水　被包围在污泥颗粒内部或者微生物的细胞膜中的水分，约占污泥水分总量的 3%。这部分水用机械方法不能脱除，但可用生物作用使细胞进行生化分解，或采用其他方法进行去除。

140 污泥的性质包括哪些方面？

污泥的性质包括污泥浓度、含水率、相对密度、比阻、黏度、热值、pH 值、化学成分、物理组分、亲水性、酸碱度、水力特性等。污泥的来源不同，其化学性质和物理性质也不同。不同性质的污泥，脱水的难易程度不同。绝大多数种类的污泥在进行机械脱水前，都需进行预处理，也称污泥的调理或调质。

141 污泥调质有哪些方式？

多数污泥脱水性能都较差，用脱水设备直接脱水，效果很差，费用很高。所谓污泥调质，就是通过对污泥进行预处理，改善污泥的理化性质，减少与水的亲和力，增强凝聚力，增大颗粒尺寸，改善污泥的脱水性能，提高其脱水效果，充分发挥脱水设备的生产能力，使污泥减容，减少运输费用和后续处置费用，获得综合的技术经济效果。污泥调质方法有物理调质、化学调质、化学调质和物理调质联用、微生物絮凝调质技术。

传统物理调质方法有淘洗法、冷冻法及加热法等方法。随着各种化学药剂的不断出现，淘洗法目前已很少使用。加热调质可以使污泥间隙水游离，冷冻调质使污泥结合水含量大大降低，加热调质耗能高，冷冻调质受气候条件的限制，这两种技术难以推广使用。在物理调质方面，出现了其他调质技术。主要为超声波调质技术、微波调质技术以及电离辐射技术，此外，磁场对污泥作用的研究也在不断进行中。

化学调质则主要指向污泥中投加化学药剂，改善其脱水性能。药剂在污泥胶体颗粒表面起化学反应，中和污泥颗粒电荷，增大凝聚力、粒径，从而促使水从污泥颗粒表面分离出来。药剂种类已在前面描述，不再重复。根据污泥的特质，可以单独使用一种药剂，也可以使用两种药剂进行联合调质。化学联合调质，先加入一种药剂，使其吸附在污泥表面，形成初级絮体，再加入另一种药剂，通过水的亲和力和范德华力，吸附在初级絮体上，形成更大的絮体。

在化学调质方面，正在研究的非传统技术有用芬顿试剂进行污泥调质和用臭氧进行污泥调质。

在实际中采用的调质方法，有使用物理法的，但化学调质的应用范围日渐广泛，原因在于化学调质流程简单，操作不复杂，且调质效果很稳定。

由于单独的物理调质或化学调质技术有一定的缺陷性，近年来出现了物理调质和化学调质联用技术。污泥脱水性能如何，是否需要调质，调质效果如何，需要通过检测污泥的比阻和毛细吸水时间来验证。

142 污泥脱水性能的评价指标有哪些？

污泥脱水性能是指污泥脱水的难易程度。不同种类的污泥，其脱水性能不同；即使同一种类的污泥，其脱水性能也因厂而异。衡量污泥脱水性能的指标主要有两个：一个是污泥的比阻（R）；另一个是污泥的毛细吸水时间（CST）。

污泥的比阻是指在一定压力下，在单位过滤介质面积上，单位质量的干污泥所受到的阻力，常用 R（m/kg）表示，计算公式如下：

$$R = \frac{2PA^2b}{\mu W}$$

式中，P 为脱水过程中的推动力，N/m^2，对于真空过滤脱水 P 为真空形成的负压，对于压滤脱水 P 为滤布施加到污泥层上的压力；A 为过滤面积，m^2；μ 为滤液的黏度，$N \cdot S/m^2$；W 为单位体积滤液上所产生的干污泥质量，kg/m^3；b 为比阻测定中的一个斜率系数，S/m^6，其值取决于污泥的性质。

污泥的毛细吸水时间是指污泥中的毛细水在滤纸上渗透 1cm 距离所需要的时间，常用 CST 表示。

R 和 CST 是衡量污泥脱水性能的两个不同的指标，各有优缺点。一般来说，比阻能非常准确地反映出污泥的真空过滤脱水性能，因为比阻测定过程与真空过滤脱水过程是基本相近的。比阻也能较准确地反映出污泥的压滤脱水性能，但不能准确地反映污泥的离心脱水性能，因为离心脱水过程与比阻测定过程相差甚远。CST适用于所有的污泥脱水过程，但要求泥样与待脱水污泥的含水率完全一致，因 CST 测定结果受污泥含水率的影响非常大。实测 CST 时，含水率越大，CST 也越大。另外，比阻 R 测定过程较复杂，受人为因素干扰较大，测定结果的重现性较差；CST 测定简便，测定速度快，测定结果也较稳定，因此在实际运行控制中一般都采用 CST 作为污泥脱水性能指标。

污泥的比阻 R 和毛细吸水时间 CST 越大，污泥的脱水性能越差。一般认为，只有当污泥的比阻 R 小于 4.0×10^{13} m/kg 或毛细吸水时间 CST 小于 20s 时，才适合进行机械脱水。

近来，有研究表明，MLVSS/MLSS 比值、胞外蛋白质/胞外多糖比值对脱水污泥含水率和污泥结合水含量影响极显著，是影响污泥脱水性能的关键因素。

🅼🄰 如何选择适宜的污泥脱水机械设备？

选用什么样的脱水设备，须从两方面考虑：一方面，设备要能适用于污泥的性质，由于每种设备都有其局限性，所选用的设备要能达到使污泥脱水的目的，例如，含粉煤灰的污泥就不太适宜用卧螺离心机，而适宜选用挤压型设备；另一方面，不同设备的脱水效果不同，要根据污泥经脱水以后的去向，来决定采用何种设备。例如，假如脱水后的污泥还要进行焚烧处理，那么就不能选用只能把含水率降到 80% 左右的带式机。

目前常用的脱水设备大体分为两类：一类是压力型，利用不同方式向污泥施加压力使泥水分离，如真空过滤机，是使辊筒内部形成真空，利用大气压使水分透过滤布而脱水；带式机、板框压滤机、叠螺脱水机是利用机械压力使泥水分离；另一类是离心型，分为立式和卧式，是利用流体态混合物内不同物质的密度差，在离心力的作用下，加快固相颗粒的沉降速度来实现固液分离的。离心机有两相（泥、水）分离和三相（泥、水、油）分离的不同机型。

此外，目前还有一些处于验证和改进阶段的新技术、新设备。例如，将电渗透技术应用于带式机的改进型、类似于垂直板框的厢式或隔膜式压滤机、采用能够自吸水分的高分子吸水材料的吸附脱水机以及大量的集污泥浓缩和脱水功能于一体的各种改进型常规设备等。

第三章 ▶ **污水处理运行中异常现象剖析及处理**

1 **A/O 工艺运行中 A 段污泥上浮呈现什么现象？原因是什么？如何处理？**

（1）A 段污泥上浮的现象　A/O 工艺生化反应的 A 段极易出现泡沫污泥上浮问题，上浮泡沫污泥呈内含 1～2mm 均匀小孔的类似海绵的浮泥。一夜间可浮起 10cm 以上，越积越厚；如不及时处理，将会影响池面外观，且出水 SS 也会增加。这种浮泥采用机械搅拌、水力冲刷等均可将泥沫再次溶于水中，但不出 24h 又要浮出水面。这种情况在类似工艺中已有文献记载，尚无较好的解决办法。

（2）A 段污泥上浮的原因　A 段污泥上浮出现的原因说法不一，有的学者认为，这种现象是由某种细菌引起的；有的认为是反硝化氮气浮出引起的；也有的认为是厌氧发酵产气引起的。笔者经过观察认为，这种现象应是回流污泥发生初步水解酸化作用引起的。这种情况在啤酒废水的水解酸化反应时也同样遇到过。在啤酒废水酸化菌驯化初期或运行中酸化效果下降、水解不彻底时也出现泡沫上浮现象。这是因为，酸化反应中，如果水解不彻底，高分子分解成低分子的过程不完善，一些分解不彻底的高分子有机物黏稠，吸附能力较强，水解酸化过程中所产生的 CO_2 气泡被黏附于这些有机物中一起浮起，形成泡沫污泥漂于池上。基于这种判断，笔者对 A/O 工艺停留时间进行调整试验。试验发现，在满负荷运行时，即 A 段停留时间为 4h 时，泡沫上浮问题较轻，逐步增加水力停留时间，泡沫上浮越来越重；A 段停留时间在 8h 以上后，泡沫上浮已达非常严重的程度。有人可能会认为，泡沫上浮是因反硝化氮气上浮含泥所致。对此，笔者进行了认真的观察，在 A 段停留时间为 4h 与 8h 时，其水面气泡释放量基本无区别，且分析硝态氮也无明显变化，说明反硝化没有因为时间的延长而更加进一步完善。同时，笔者对化工废水进行水解酸化试验发现，经过 8h 的水解酸化，化工废水可以有明显的酸化效果。具体表现在 B/C 增加，有机酸增加，并有微量气泡产生，COD 有 5% 左右去除。因此，笔者分析认为，这种 A 段泡沫上浮是由酸化产生 CO_2 和部分水解不彻底物质黏附活性污泥浮起造成的。这与某些学者认为的由细菌引起或厌氧发酵引起的并不矛盾。

（3）出现 A 段污泥上浮时的处理　如果 A 段泡沫上浮是由酸化产生 CO_2 和部分水解不彻底物质黏附活性污泥浮起造成的，建议在生产中采用阶段性提高单元生产负荷，相对降低其水力停留时间来抑制泡沫上浮问题，并将 A 段搅拌器间断上提，在距水面较近液面下加强搅拌等方式，基本上可控制泡沫污泥上浮问题。

❷ A/O 工艺运行中 O 段产生大量泡沫呈现什么现象？原因是什么？如何处理？

（1）生化反应池 O 段池面的漂浮泡沫现象　正常生化反应池运行时，池面上大部分时间都存在着约 30% 的泡沫覆盖面。部分时段偏多，外观白色，泡沫透明。此类泡沫一般情况对出水影响不大，但有时会因某类泡沫的突然大量增加毒害活性污泥造成水质的急剧恶化。另外，吉化污水处理厂 A/O 工艺投用后，每到春季，生化反应池上泡沫会大幅度增加，严重时全池面覆盖，厚度接近 1m，可大量漂浮到池外，且泡沫十分黏稠，颜色昏暗，出水水质明显下降。

（2）O 段池面的漂浮泡沫原因　由于化工废水中活性剂会含量较大，在生化反应曝气过程中上浮至水面，处于一个不断产生并不断消散的平衡阶段。其中部分表面活性剂对微生物有毒害和抑制作用，影响较大，如突然大量增加会冲击生化系统微生物，使其活性下降或大量死亡，失去对污水的降解功能。吉化污水处理厂曾因有机合成厂生产异常活性剂流失进入污水中，进入生化反应池后造成微生物大量死亡，而形成一段时间没有去除功能的情况。对于黏稠泡沫，笔者经多年的观察、分析及不断地优化调整，认为产生这一现象的主要原因是：A/O 工艺投产后，为了保障冬季系统具有较强的抗冲击能力，实现氨氮的稳定去除，进入冬季前，有意对系统运行污泥浓度适当提高，一般维持在 5.5g/L 左右，减少剩余污泥排放量，泥龄保持在 100d 左右，形成了高浓度、高泥龄的运行方式。冬季生化反应池内水温较低（18℃左右），这种运行方式较好地保障了硝化与反硝化作用的完成，但随着气温的变化，池内水温逐步上升，老化的污泥出现了微酸化现象，出现大量生物泡沫，影响了出水水质。

（3）O 段池面的漂浮泡沫控制方式　对于活性剂类泡沫的影响控制，要注意对排放厂的水质监测及各类化工装置废水排放组成特点的了解，及时发现装置的异常排放并及时控制。一旦进入生化系统已影响运行效果，要采取增加供氧或局部生化系统降低负荷逐步恢复活性的方式进行微生物活性的保持与恢复。对于生物泡沫，要严密关注生化反应池内污泥浓度及水温的变化，适时调整污泥浓度逐步稳定到 4g/L 左右，可较好地避免季节性的水质波动。

❸ A/O 工艺硝化与反硝化有哪些不稳定现象？

A/O 工艺硝化与反硝化的不稳定主要表现在运行中生化反应系统抗冲击能力较差，遇有来水的波动，极易造成 A/O 工艺硝化与反硝化的破坏，出水氨氮变化有时达到没有去除效率的情况。A/O 工艺硝化与反硝化作用破坏后恢复较慢，根据破坏程度最短需一周，最长可能达到一个月，而且是冲击因素已消除的情况下。如有长期的不稳定进水影响因素，则很难建立起稳定的硝化与反硝化功能。

❹ A/O 工艺硝化与反硝化不稳定的原因是什么？

以吉化污水处理厂 A/O 工艺硝化与反硝运行过程中所遇到的问题为例，吉化污水处理厂 A/O 工艺运行中的不稳定最主要原因是碱度保障有时不足，造成酸性废水对硝化及反硝化细菌的冲击破坏。特别是 O 段反应在碱度不足时会很快失去硝化作用，致使氨氮没有去除。另外，遇有负荷变化，无论是水量的增加还是进水 COD 及氨氮的增加，都会形成出水氨氮的波动。

（1）硝化反应直接消耗碱度，酸性废水冲击后会造成硝化反应在无碱状态下无法进行，同时硝化细菌在酸性环境下会造成大量死亡而失去硝化功能。而硝化、反硝化细菌繁殖较慢，硝化过程需时又较长，遇有水质波动受到影响再次产生硝化作用，需要一定时间的培养和驯化才能逐步恢复正常运行。

（2）生化反应池内 O 段污染物的降解顺序是，先进行 COD 的氧化反应，然后才进行氨氮的硝化，进水 COD 及氨氮的增加会使后部溶解氧不足及氨氮降解时间不足，造成出水质量下降。

（3）是由于硝化、反硝化细菌是在 O 段和 A 段固定的环境下生存，即 O 段需好氧而 A 段需缺氧。水量大量增加时会使较为稳定的硝化与反硝化细菌群落随着活性污泥在系统内的流动而部分冲出原有的生存环境，所以，水量的短期内大幅度增加也会造成水质的波动。这种情况主要出现在汛期水量短期较大时。

5　**通过哪些方式来提高 A/O 工艺硝化与反硝化的稳定性？**

A/O 工艺硝化与反硝化的不稳定是由于硝化与反硝化细菌生存环境需求及繁殖特性决定的。出水氨氮排放的稳定要求，在 A/O 工艺设计与运行管理中要充分考虑其硝化与反硝化的不稳定性，通过一定的技术措施和管理手段来实现装置的稳定运行。一般可采取以下措施。

（1）稳定充足的碱度保证手段　A/O 工艺硝化作用需要稳定的碱度供应才能完成反应。运行中要根据进入生化反应系统进水氨氮的浓度及时投加相应的碳酸盐碱度以满足硝化反应的需求，为使反应完全，要至少一天分析一次活性污泥混合液的剩余碱度，要在氨氮稳定去除期间有一定的剩余碱度量。

（2）稳定的进水水质控制　A/O 工艺进水需要稳定的水质条件，需要在前步工艺中进行保障。一方面，对污水处理厂的进水要有严格的监控手段，确保水质稳定，对出现的异常水质要能够及时发现、及时控制，防止大量长时间的冲击；另一方面，对已经发生的变化，在污水处理厂要有调节控制手段，可以设置调节池或事故缓冲池，对生化反应池进行有效的保护。

（3）对硝化液进行回流　对 A/O 工艺的 O 段末端的硝化液进行 100%～200% 回流到 A 段首端，实现硝化液的内回流。一方面，生化反应出水的总氮会大幅度降低；另一方面，由于活性污泥混合液回流在 A 段完成了反硝化反应，可为 O 段提供一部分碱度，硝化与反硝化细菌总量都得到一定的加强，A/O 工艺硝化与反硝化稳定性得到加强。

（4）采取 O 段强化手段　传统的 O 段强化手段主要是在 O 段增加填料，使生化反应池内增加生物膜系统，实行泥膜混合运行的方式。由于生物膜上固定了硝化与反硝化细菌，保障了 A/O 工艺硝化与反硝化生物总量的稳定，也使 A/O 工艺运行得到稳定。但由于填料的增加可能堵塞后续的设备以及某些设计不合理也可能带来运行的问题，因此，在技术选用时要多方面考虑可能的影响因素，一般填料填充量不应超过总生化反应池容积的 20%，并要充分考虑不利因素的克服。近些年又有一些投加营养剂的方式来促进 A/O 工艺硝化与反硝化作用的稳定，但需要增加一定的生产成本，且投加量要通过现场试验来摸索。

6　A/O 工艺系统波动后如何进行恢复？

在运行中遇有水质冲击时，通过及时增加供风量、污泥回流量等工艺条件调整，提高碱度的投加，确保硝化细菌有足够的营养源，可实现 A/O 工艺硝化与反硝化功能的恢复。有时客观条件不好，A/O 工艺硝化与反硝化功能恢复较慢。如冬季运行时或全系统破坏较严重时，要选用生化反应系统能够独立出来的一个单池，进行低负荷硝化启动，在长时间曝气且进水负荷较低情况下，硝化细菌会逐步繁殖起来。

7　污泥膨胀是什么现象？原因是什么？如何处理？

正常的活性污泥沉降性能良好，含水率在 99% 左右。当发生污泥膨胀时，SVI 值增高，污泥结构松散，体积膨胀，含水率增大，污泥沉降性能差，在污泥浓度变化不大时，SV 快速上升，最高可达 98%，造成活性污泥在二沉池无法正常完成泥水分离。大量污泥在二次沉淀池流失，回流污泥浓度降低，无法维持曝气池的正常运行。

污泥膨胀的原因主要是丝状细菌大量繁殖所引起的，也有由于污泥中结合水异常增多导致的污泥膨胀。

当污泥发生膨胀后，可针对引起膨胀的原因采取措施。目前，许多工艺技术采用设置生物选择区的方式，使微生物处于一段时间的休整段，抑制丝状菌繁殖，调整微生物组成的方式防止污泥膨胀，具体过程还要根据具体情况进行分析来控制。

❽ 举例说明化工印染废水污泥膨胀产生的原因及控制措施有哪些？

南方某大规模化工印染废水处理厂采用水解酸化＋传统活性污泥法处理化工印染混合废水，水质条件复杂，污染程度高，但可生化性较好。投产初期，活性污泥增长迅速，处理效果较好，但进入冬季连续出现污泥膨胀现象，二沉池污泥难以沉淀，无法进行正常的生产运行管理，保证不了污水处理效果。经运行中不断摸索，通过运行调整，污泥膨胀得到了有效的控制。

（1）运行中轻度污泥膨胀产生的现象及控制

① 运行中发生轻度膨胀现象　某化工印染废水处理厂曝气池活性污泥的污泥指数大部分接近 200，但生物相较好，丝状菌在菌胶团中少量发现，原生动物有变形虫、楯纤虫及后生动物轮虫。之后的 3d 生物相分析，丝状菌数量进一步增多。进入冬季某日，SVI 上升至 250 左右，判断应已发生轻度的污泥膨胀。

② 针对运行中发生轻度膨胀的控制　为抑制丝状菌的膨胀，将曝气池的第一廊道改为低曝气运行，大幅度降低曝气量，溶解氧控制在低于 0.5mg/L。这样，曝气池有 1/6 部分处于缺氧运行，相当于 A/O 工艺，但丝状菌不仅没有减少，在活性污泥中还发现丝状菌有交织在一起的现象。这种情况可能为进一步膨胀的先兆。对此，再增加一个廊道缺氧段，使整个缺氧段达曝气池的 1/3。之

后，污泥指数仍缓慢升高，最高升至近400，且活性污泥菌胶团中丝状菌已开始伸出泥外。分析控制过程，发现曝气池改为A/O工艺后未降低曝气供风量，而A/O工艺相对需氧量是较低的，池上除缺氧段溶解氧在0.5mg/L以下外，其余大部分溶解氧都在6～9mg/L。对此，进一步增加水量，降低供风量。再次增加水量，直接提至满负荷运行。污泥SVI大部分在400以上后，再无明显恶化迹象；之后丝状菌总量有减少迹象，SVI缓慢下降。15d后，丝状菌总量已明显减少，但SVI尚未降至正常范围。此轮污泥膨胀应该说采用A/O工艺的运行后，已得到有效的控制。

(2) 油冲击造成的污泥膨胀现象及控制

① 油冲击造成的污泥膨胀现象　该废水处理厂1月在污泥性能已恢复至正常后，因进水含油对微生物造成了冲击，发生了二次膨胀，几日内丝状菌即大量繁殖起来，先是数量增多，接下来是在活性污泥内交织成网状，之后是丝状菌冲出菌胶团外，逐步把活性污泥菌胶团支开，形成在丝状菌支配下松散的菌胶团，污泥SVI很快即上升到400以上，从而产生了严重的污泥膨胀。

② 油冲击造成的污泥膨胀的控制　采用先前调整方式，即将曝气池前部降低供氧，但效果不明显。曝气池取样SV已达98%，二沉池有局部开始出现污泥外溢现象。将回流污泥引入水解酸化池，流过水解酸化池的活性污泥再进入曝气池，丝状菌数量快速减少，不到10d即恢复正常的活性污泥指标。为防止再次发生膨胀，将部分活性污泥始终回流到水解酸化池，再回流到曝气池，之后再也没有发生污泥膨胀。

(3) 污泥膨胀原因分析　产生污泥膨胀的主要原因是废水水质成分的变化引起的，也即冬季印染废水的成分中有一些适合丝状菌繁殖的物质，这主要取决于印染行业冬季生产产品的品种。作为混合废水处理厂，化工废水部分成分相对稳定一些，冬季是印染旺季，水量大、污染物浓度高，印染废水中最主要的污染因子对苯二甲酸可生化性很好，但水中缺乏相应盐类来平衡活性污泥营养构成影响其正常繁殖。而丝状菌在营养单一且连续好氧的情况下却易大量繁殖。在两次膨胀前期及膨胀后期，曝气中的溶解氧都是十分充足的。在传统活性污泥法中，活性污泥易处于连续好氧环境，缺少生物选择淘汰过程，造成了丝状菌的过度增长。

（4）从根本上杜绝污泥膨胀　印染废水水质本身可变因素较多，随着上游生产厂的产品品种及生产季节的变换或生产稳定与否都可能对污水处理工艺造成冲击，且可能发生污泥膨胀现象。从两次膨胀的抑制方式看，丝状菌在缺氧和无氧环境中不易繁殖。但单纯缺氧，对于严重冲击引起的膨胀不如厌氧控制得好。因此，控制污泥膨胀要通过前部增设厌氧反应段来实现，切断丝状菌繁殖的途径，但是厌氧时间要足够。从本装置运行情况控制丝状菌膨胀的厌氧时间为10h，但如此长的厌氧时间对原生动物的成长极为不利。

根据投产以来对丝状菌的抑制和对系统运行的摸索，印染废水的生化处理要以灵活的运行方式来迎接变化的水质，最主要的是要有一套抗冲击变化能力强的处理技术，建议采用图 3-1 作为印染废水处理工艺。

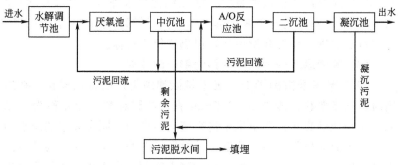

图 3-1　建议印染废水处理工艺

9 举例说明啤酒废水处理过程污泥膨胀产生的原因及控制措施有哪些？

（1）某啤酒废水处理过程的污泥膨胀现象　某啤酒生产以玉米米为主要辅料，工艺流程如图 3-2 所示。

投产初期仅生物膜法运行，但效率较低，后生物处理工段增加活性污泥回流系统，进行泥膜法混合运行，前一段时间运行正常，天气转暖后，调节池出水也出现黏稠发白的现象，中沉池和接触氧

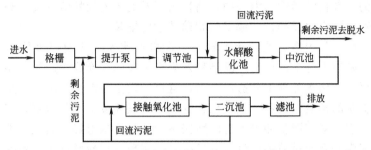

图 3-2　某啤酒废水处理工程改进后工艺流程

化池白色加重。调节池同时也浮起一些成堆的玉米米，捞出后发现玉米米颗粒强度下降，颗粒间有白色黏稠液。调节池出水 SS 也明显升高。这种情况发生后，好氧系统活性污泥很快发生膨胀现象，膨胀微生物主要是硫丝细菌。膨胀发生后，污泥容积指数迅速从 100 上升到 600 左右，SV 达 98% 左右。之后，在二沉池处污泥大量流失，所有污泥呈黄泥浆状，随二沉池出水外流。出水 COD 也由 100mg/L 左右上升至 800mg/L 左右。污泥大量减少后，对调节池进行了清理，系统有所恢复，但仍难稳定达标。

（2）啤酒废水处理过程的污泥膨胀的原因

① 玉米米酸败的影响　玉米是该啤酒生产的特色辅料。在应用时，玉米要粉碎成 0.5～1.5mm 直径的颗粒料，行业称为玉米米。该企业是直接外购玉米米进行糖化生产的。同类装置的废水治理在我国尚无先例。在本装置设计时所参考的均是以大米为辅料的生产装置。本装置投产后所出现的诸多问题，最主要一条就是对玉米米在废水处理中所产生的影响缺乏足够的认识。在格栅设置时，采用的是间隙 3mm 的细格栅，但其对大麦皮仅有少量截留作用，对玉米米一点也不能截留。玉米米对污水处理的影响在改为泥膜法混合运行后更为突出地表现出来。这主要是因为原膜法运行时，玉米米在中沉池沉淀后即同沉淀污泥一起被脱水滤出，不会在系统内形成积累。投入泥法运行后，水解酸化池要进行污泥回流，玉米米在系统内循环累积，浓度逐步增加并有部分沉于池底。另外，调节池中采用穿孔管曝气，仍有部分玉米米沉积下来，堆积在池底角

落里。

玉米米对污水处理的影响主要是由其成分及特点决定的，玉米所含的蛋白质、纤维素比大米多，特别是脂肪含量高出大米几倍；而淀粉的含量比大米少 10% 左右，但比大麦略多。在啤酒生产中，玉米米在糖化工段糖化，淀粉分解成糖，部分低分子蛋白质也被分解成氨基酸；而高中分子蛋白质、脂肪和纤维素却不能分解。作为玉米米颗粒，因纤维素、高中分子蛋白质和脂肪的存在，糖化后的形状并未改变，剩余的是含有这些物质的玉米米骨架颗粒。这些颗粒在冲洗糖化锅时被随水冲出，该公司在糖化工段下水出口处设有一道筛网截留玉米米，但并不彻底，每日随水流入污水处理站的玉米米湿重达 1t 以上。

玉米米在缺氧的条件下会发生一种霉变，称为玉米米腐败或玉米米酸败。腐败的玉米米骨架仍不变，但其释放出蛋白质和以霉菌为主的白色黏稠液体。这种液体呈酸性，pH 值可达 4.5 以下。这种液体的释放，使污水 pH 值降低，COD 升高，好氧活性污泥易发生膨胀，从而影响污水处理效果。在本装置中，玉米米的酸败分两种情况影响处理效果。一种是沉积玉米米的集中酸败，其中调节池和水解酸化池所沉积的玉米米定期酸败上浮，将其在底部腐败产生的黏稠液体溶解于水中，从而造成污水 COD 的大幅度增加和好氧活性污泥的严重膨胀。另一种情况是玉米米日常在酸性环境下的连续酸败。在水解酸化池中，如果酸化 pH 值在 6 以下，尤其在 5 左右，池中玉米米会在这种缺氧和酸性环境下释放出霉菌和蛋白质，这就是为什么改为泥膜法混合运行后，中沉池出水发白及酸化去除率下降的原因。

② 啤酒废水自身腐败的影响　啤酒废水在自然存放 4h 后就会腐败，也可称为酸败。本装置设计调节池水力停留时间为 4h。在膜法运行时，啤酒生产线节水工作尚未进行，进入污水站水量较大，实际停留时间与设计参数相符；同时，由于池内设置了曝气系统进行搅拌，废水自身腐败现象并不十分明显。改为泥膜法混合运行后，生产线节水工作也投入正常运行；废水在调节池内停留时间增加，一般在 6~8h 范围内，啤酒自身酸败问题明显暴露出来。尽

管有连续曝气系统，也无法防止酸败的发生。突出表现在调节进水pH 值一般在 7～10 范围内，而出水 pH 值却在 5.5～6 范围内。啤酒废水原水中含有乳酸菌、乳酸杆菌、酵母菌、麦汁菌。废水在存放一段时间后，在较高温度下会产生霉菌即腐殖菌而形成缺氧腐败或称为酸败。尤其是水中的糖、蛋白质易被腐殖菌利用而腐败。在调节池中，由于穿孔管曝气，溶解氧含量并不高；缺氧环境下的营养不平衡，使这些低等生物大量繁殖；同时，在酸化池中也可继续这种繁殖而影响正常水解的进行；腐败废水进入接触氧化池后，其中所含的霉菌抑制好氧菌的生长和繁殖，丝状菌和放线菌增长过多，从而使活性污泥沉降性能下降，出水质量恶化，好氧系统的功能不能正常发挥。而腐败的啤酒废水因其 pH 值较低，在水解酸化池内又导致了池内玉米米酸败的加剧，进而更加严重地影响了好氧系统的运行效果，直至引起污泥膨胀，活性污泥流失，系统全部崩溃。

鉴于该治理工程的改进未能做到稳定达标，所存在的问题十分明显且严重。设计院会同业主共同研究对系统进行了进一步的改进，此次改进问题分析准确，技术上已经完全成熟。改进后装置运行良好，出水指标远远好于设计指标，终于取得了成功。主要工作情况如下。

(3) 通过技术改进杜绝污泥膨胀

① 增加玉米米过滤设备　进入污水站的废水中，所含玉米米每日可达 1t 以上。其中，1.5mm 以上占 25%，1mm 以上占50%，0.5mm 以上占 75%，0.5mm 以下占 25%，0.25mm 以下占 5%。原设计在进水处采用的 3mm 缝隙细格栅无法将玉米米有效去除。本次改进选用两台 XGA-W 双向旋转格栅过滤机安装于泵房潜污泵出口处。其过滤间隙为 0.5mm，可将 75% 以上的玉米米截留去除。

② 取消调节池　由于啤酒废水在调节池内的自身酸败，影响其处理效果。本次改进将调节池改为事故池，贮存事故状态下的高浓度废水。泵房出水直接进入水解酸化池。这种改进，笔者在考察中也曾遇到过同类的情况。广州蓝带啤酒有限公司的啤酒废水处理

装置曾建设一座可停留24h的调节池，后因池内废水酸败问题而弃用。一些文献中也建议，啤酒废水处理设施要处理新鲜的啤酒废水，可不设调节池。这说明，笔者对所出现问题的分析和改进方案是正确的。

③ 酸化池内增加两个回流点，以便酸化时间可调节　本次改进在酸化池中部和后部沿池长2/3处新装两回流管线入口点，即可调节回流污泥进入酸化池的位置，从而可缩短酸化时间至原设计的一半或1/3。这样，可以防止酸化池内因过度酸化形成酸性环境而造成残余玉米米的酸败。

⑩ 初沉池排泥管堵塞原因有哪些?

（1）进水中夹带较大悬浮物质　工业污水进入初级处理时，前部带入较大悬浮物质及漂浮物，有可能在初沉池内堆积堵塞管线。

（2）进水 SS 负荷高造成污泥在管线内流速下降沉积　工业污水进水 SS 负荷较高时，污泥在初沉池内沉积，由于排泥不及时，污泥浓度过高，出现污泥沉积后在管线内流速下降，造成污泥管线堵塞。

（3）排泥时间控制不合理、系统配水不均匀　现行工艺原则上一般都采用初沉池间歇排泥方式，初沉池排泥无法实现自动控制时，如果制定排泥次数与排泥时间不合理，排泥浓度不能控制在工艺合理范围内，就会造成积泥太多堵塞管线。

（4）管路结垢　由于工业污水水质比较复杂，进水内可能含油、胶渣、纤维等，这些杂物进入初沉池后长期积累结垢，造成管线堵塞。

（5）进水含砂量过大　如果沉淀池前没有沉砂池，极易造成沉淀池底部沉砂形成堵塞。有时即使前部有沉砂池，也可能存在沉淀泥斗积砂而不能正常排泥的情况。

（6）排泥管线间互相干扰　凡两座以上沉淀池并联运行，均存在着排泥管线因输送污泥距离、管线布置、阀门开关程度、操作方式等相关因素的相互干扰，造成有的沉淀池排泥顺畅，有的堵塞的情况，且先期堵塞还不易被发现。如两座以上沉淀池并联运行时，其中一座沉淀池排泥阀存在关不严而有内漏现象，该座沉淀池就会出现连续排泥而排泥浓度却很低的情况，后部排泥泵房的运行一般是固定的，这样会出现其他沉淀池排泥困难直至管线堵塞，污泥无法排出。

（7）其他　由于初沉池敞开式运行，较大型的固体物进入初沉池堵塞管线。

11 如何避免或减少运行中出现排泥管堵塞的现象？

（1）根据初沉池的形式、刮泥方式合理确定刮泥机运转周期，刮泥机运转周期长容易出现因沉积污泥停留时间过长而造成污泥上浮；刮泥机运转周期短或频繁刮泥会造成污泥扰动而影响污泥的沉降效果。

（2）现行工艺原则上一般都采用初沉池间歇排泥方式，建议在条件允许的情况下，初沉池排泥最好实现自动控制，无法实现自控时，要根据运行实际，在总结经验的基础上合理制定排泥次数与排泥时间；若初沉池临时改为连续排泥，运行中应注意观察排泥量与排泥颜色，使排泥浓度控制在工艺合理范围内。

（3）日常控制、巡检时应注意观察每个初沉池的出水量是否均匀，观察出水堰是否被浮渣封堵、出流是否畅通，观察浮渣斗中浮渣能否顺利排出、浮渣刮板与浮渣斗挡板配合是否适当，辨听刮泥、刮渣、排泥设备是否存在异常声音、检查设备部件松动情况，出现问题及时调整、清理或修复。

（4）发现初沉池排泥不畅，要及时进行排泥管道清通、冲洗，防止泥沙、油脂等在管道内，特别是阀门处造成淤积。有条件的装置可定期（1次/年）将初沉池排空，对刮泥机、池体与排泥管线进行彻底清理、检查、维护；日常运行中，要加强进水格栅、曝气沉砂池、混凝池、气浮机等预处理单元的管理，避免或减少初沉池进水夹带较大悬浮物质。

（5）按规定及时对初沉池进行常规监测与分析检验，进出水SS是初沉池监控的重要项目，日常管理时应注重SS数据的对比，稳定控制SS去除率。

（6）初沉池排泥管线在设计布置时要形成单池独立的排泥路径，防止相互间干扰。运行中单池排泥状态要能较方便判断，以便及早发现问题、及时处理。

12 **污水处理装置单电源故障后如何进行稳定运行保障？**

以吉化污水处理厂为例，吉化污水处理厂中和站采用双电源均由动力一厂提供，一般情况运行比较稳定。但仍然发生过变电所故障或动力一厂电源故障造成中和站短期无法运行的问题。对此，工厂修建了一条超越管线，事故状态下可将污水超越到出口管线上，但因酸性废水未经中和过程，为防止对后续工艺造成冲击，主排酸装置需减负荷运行。工厂也正在探索从其他线路再引一路备用电源，以提高中和装置的安全稳定性。

同样，所有的污水提升泵房如果是单电源，出现故障后，无法及时将污水提升，都可能造成污水外溢的情况。传统的设计方式为在提升泵房前设溢流管线，以保证泵房不被淹没。但这种设计方式已无法满足当前的环保要求，可能存在着污水违规外排的情况。而且有些泵房即使设置了双电源，但电源上一级为同一变电所，如上一级出现故障则同样会造成本级电源无电的情况。对此，应采取以下两种保障方式。

（1）污水提升及处理系统总电源应有两路并来自不同的方向，且变压器必须两台互备。日常运行时一条电源运行，另一条处于热备状态，遇有一条电源故障后，另一条瞬时可投用。

（2）如不具备双向电源条件，需设置备用应急发电机，在运行电源出现故障时，应急发电机瞬时投用。目前柴油发电机作为应急电源，可保证在紧急情况下30s内切换成功并投用，可保证污水提升及处理系统的短期供电，待电源线路抢修完成后，再切换回来用正常线路供电。

13 **污水输送重力流管线故障有哪些现象？如何处理？**

（1）管线腐蚀损坏　在沉淀池出口处，污水输送管线压力流变重力流初始段，极易出现因冲刷及气体腐蚀造成管线损坏的情况，最主要原因是污水中挥发的气体对管线的腐蚀。如不能及时检查，经常会出现已发生塌陷后才发现的情况，存在着一定的危险。

一般这种情况均是管上壁变薄后损坏，处理时只修复管上壁即可。但运行中要对类似敏感点加强检查与诊断，以便及时发现问题、及时处理。

(2) 管线内长入树根　重力流管线运行时，有时会发现管线水的充满度不断上升，下井探查，是因为有的管线附近的大树树根长入管线或井内。

对此，要及时挖开将树根切断，并对管线及井进行封堵，防止树根再次长入。

(3) 杂物堵塞　管线内有较大杂物，特别是井盖压坏后掉入井内，易造成管线快速堵塞。有时也会因为杂物聚积成团，在管线某处卡住，不再向下流动，对管线形成堵塞。

这种情况应先用相应疏通工具或水力工程车进行疏通，如无法疏通需组织从上游向下游倒水，在管线不承受水压的情况下，挖开破管疏通后再恢复。

⑭ 污水提升后压力管线故障不停水无法检修如何应对？

以吉化污水处理厂为例，吉化污水处理厂部分长距离污水输送管线多为混凝土压力管线，已运行 30 多年。其中，预处理车间（生活污水一级处理）距主厂区 4km 左右，其主要功能之一是将大部分污水在此处经泵房进行一次中间提升，提升后污水分别经 $\phi 800mm$ 生活污水和 $\phi 1200mm$ 工业废水压力管线输送到高位水井后，再经重力流管线流入主厂区，压力管段长 600m 左右。2013年，该生活污水压力管线出现泄漏，因泄漏点较小，经带压抢修得以恢复。但过去在生活污水输送系统中曾多次出现管线泄漏需停水检修的情况，因生活污水污染较轻，停水检修经申报后得以实施。而这条 $\phi 1200mm$ 工业废水压力管线一旦泄漏需停水检修，将会造成吉化公司所有装置全部停排水后才能实施的局面，其后果难以想象。对此，工厂在生活污水池和工业废水池隔墙上开一孔洞，遇有万一情况可在高液位情况下串流，但后部输送能力不能满足全部负荷要求。

对此应采取以下措施。

（1）增加备用管线及备用泵房，为今后的长周期稳定运行提供保障。

（2）在泵房前设事故缓冲池，或可将污水引入其他系统的应急管线，以便为压力管线检修创造条件。

15 泵房设计标高不合理怎么办？

在污水处理厂完成污水处理过程中，泵房是污水处理装置非常重要的一个环节，其建设方式选择合理与否，既直接影响基本建设的投资，又会影响将来的安全稳定运行。

一般情况下，泵房的任务是污水或污泥的提升及加压过程，设计选择都处于标高较低位置，在低处接纳污水或污泥后，经泵的输送得以提升或加压。但作为建筑物，设计位置越低，工程造价会越高，将来的运行管理及安全管理也会更复杂。因此，在泵房的设计时要通过详细的测算，在满足运行要求的前提下，尽可能上提标高，使其设置合理，运行方便。但在实际工程中，由于对实际操作风险认知的差异，会出现泵房设计不合理，影响安全稳定运行的情况。标高是最主要的影响因素之一。主要有以下几种情况。

（1）泵基标高不足　作为重力流管线污水或污泥流入泵房，泵中心线标高要低于进入泵房的污水或污泥管底标高，且满足设计泵房运行最高液位低于进口管中心线，这样才能将污水或污泥顺利输出。但实际工程中有时会出现泵中心标高偏高的问题，这就会造成进口管污水或污泥不能正常流出，进口管处于淹没状态运行，会出现管内流速降低，管底积泥及杂物，从而容易堵塞，不利于管线的维护与检修。污水泵房泵基标高不足如图 3-3 所示。

针对这种情况，运行中要尽可能控制吸水池水位，降低水位上限。有条件的情况下，将提升泵改造成具备较高允许吸上真空度的泵。并在运行中要经常性地进行最低液位运行，以实现前部管线的自清洁。

（2）格栅间易淹没　大部分的泵房，吸水池前部设置了格栅

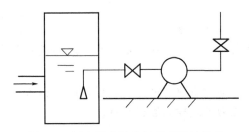

图 3-3 污水泵房泵基标高不足示意图

间，污水或污泥重力流流入，在设计及运行初期均未发现问题。但运行之后遇有停电或其他特殊情况，会出现格栅间淹没烧坏格栅电机的情况，主要是后部不能正常输出后，进水水位不断升高，最高水位超过了格栅电机即会将格栅电机淹没而烧毁。泵房可能淹没格栅如图 3-4 所示。

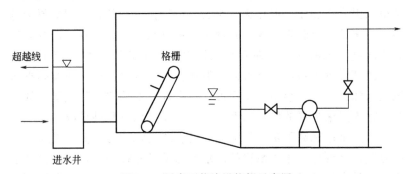

图 3-4 泵房可能淹没格栅示意图

这种情况要在设计时充分考虑测算泵房可能出现的最高液位，设计超越线等保护措施，并选择较长格栅，使其安装高度保证电机不被淹没。

（3）污泥泵房吸水池标高不足 在与初沉池或浓缩池相连的泵房中，由于上游构筑物体积大，标高较高，泵房吸水池要有与上游构筑物同样的标高。否则，如果吸水池液位标高不足，运行中又没有较好的操作控制，会出现初沉池或浓缩池污泥从污泥泵房大量溢出而无法控制的恶性事故。初沉池排泥过程如图 3-5 所示。

这种情况在污泥泵房设计时有采用超越管线对污泥泵房进行保

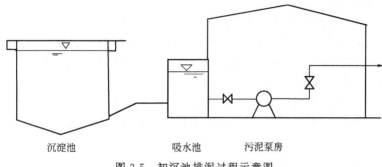

沉淀池　　　　　　　吸水池　　　污泥泵房

图 3-5　初沉池排泥过程示意图

护，但这种办法会影响装置运行效率及可能对其他工序造成影响。因此，还要争取在设计时直接考虑吸水池设计液位与上游构筑物出水标高相同即可。如已建设完成，可考虑对吸水池人孔进行加高保护或对初沉池及浓缩池排出管线上阀门进行加强控制管理，或依据现场条件采取其他适当的保护手段。

（4）污泥回流泵房吸水池标高不足　污泥回流泵房输送回流的活性污泥，其过程与图 3-5 相似。但污泥回流泵房所输送回流污泥量远大于初次沉淀池的沉淀污泥及浓缩池的浓缩污泥，在回流污泥泵因停电或其他故障瞬时减量或停运时，二次沉淀池的提泥系统难以短时关闭，会使大量污泥仍不停地流向回流污泥泵房吸水池，如吸水池顶面标高低于二沉池水面，会造成污泥大量从吸水池冒出的现象。有时即使吸水池标高与二沉池标高相当，也会因污泥继续流动的惯性在吸水池人孔处溢出污泥。

对此，必须在设计时保证污泥回流泵房吸水池上面标高不低于二沉池水面标高，并对人孔增加一定的保护高度，日常运行时人孔加盖封挡，防止污泥外溢。

16 生化反应系统易遭受哪些冲击？如何处理？

生化反应系统作为一般污水处理厂的主体工艺，运行的稳定性直接关系到装置对污染物的去除效果。而完成生化反应的微生物需要有一个稳定均衡的进水水质条件才能顺利完成反应。否则，微生物活性受到影响后将难以完成正常的降解反应。常见水质冲击影响有以下几种。

(1) 含盐废水冲击的处理

① 现象　大量高盐废水进入生化反应系统后，会造成微生物本身活性下降，自身组成挥发分降低，以活性污泥为例，SVI 降低明显，去除效率降低。

② 恢复方式　控制进水含盐量，确保进水处于正常的营养结构，使微生物能够完成正常的新陈代谢及繁殖。对生化反应系统增加剩余污泥排放量，增加系统供氧，促进新微生物的产生。

(2) 微生物毒性物质冲击的处理

① 现象　生化反应系统如大量进入对微生物产生毒性物质（如活性剂或有较强生物毒性的化工物料），会使微生物中毒受损，从而失去净化功能。现场反应，活性污泥浑浊，出水有流失现象，指示生物绝迹，去除效率大幅度下降，有时甚至一点去除效率都没有。

② 恢复方式　杜绝毒性物质进入生化反应系统，暂停排放剩余活性污泥，增加系统供氧，如具备条件可减负荷运行，以便快速恢复正常。

(3) 油类物质冲击的处理

① 现象　油类物质对微生物的影响主要体现在重质石油类及乳化油，轻质油在污水处理过程中会浮在水面，对微生物危害较小。而重质石油类或乳化油进入生化反应系统会黏附在活性污泥上，抑制活性污泥的呼吸，使其难以完成正常的新陈代谢及繁殖，从而降低了生化反应系统的去除效率。

② 恢复方式　杜绝重质石油类或乳化油进入生化反应系统，增加剩余活性污泥排放量，实行生物置换，增加系统供氧，以便快速恢复正常。

(4) 酸碱冲击的处理

① 现象　无论酸或碱，大量进入生化反应系统后，都会对微生物造成伤害。特别是酸的危害尤为严重。在 A/O 工艺中，如果进水 pH 值小于 5 持续超过 24h，会将硝化、反硝化反应全部破坏，氨氮不再有去除率，有时出水氨氮还会比进水高，再次恢复需

半个月以上。

② 恢复方式 杜绝大量酸或碱进入生化反应系统，增加系统供氧，以便快速恢复正常。对于 A/O 工艺，增加生化反应系统进水碱度，如具备条件可实施单元或单池减负荷运行，以便快速恢复硝化、反硝化作用。

17 水解池硫化氢产生量过大怎么办？

水解反应作为好氧生化反应的预处理手段，被广泛应用于生化反应池前，用以提高进入生化反应池污水的可生化性。常见的有两种水解酸化模式：一种是上流式污泥床水解反应器或池，简称 HUSB，这种水解池类似于 UASB，但反应时间短，不设气体收集系统；另一种为填料接触型水解反应池，在填料上粘挂水解污泥，类似于膜法厌氧反应，通过搅拌器促使污水与水解污泥接触，这种模式操作比较简单，在大中型污水处理厂应用较多。

水解反应是厌氧反应的前两段反应，微生物为兼性菌，较少时间完成，产物为低浓度有机酸、少量一氧化碳、极少甲烷；而厌氧反应则是在一定温度条件下较长时间完成，产物为高浓度有机酸、大量甲烷、二氧化碳、硫化氢等。正常的水解酸化池不需要密闭，不需要水、汽、固三相分离。但在实际运行中，会出现异味过大或水解过度的问题。主要原因是水解反应没有完全按照理论反应阶段进行，而是一部分进入了厌氧反应阶段。现就两种水解酸化反应方式 HUSB 及填料接触型水解反应池运行情况分别进行剖析。

（1）HUSB 运行中易出现的问题 一方面，HUSB 运行中主要会出现配水、布水系统堵塞，造成污水不能均匀通过水解污泥层，无法完整地完成上流接触过程水解反应；另一方面，水解污泥在池内"堆积"失活，进行自身的厌氧反应，污水在通过污泥层时短路，缺少与水解污泥的充分接触机会，水解反应不充分，而同时还伴有厌氧反应。

（2）解决 HUSB 运行中出现的问题

① 污水进入 HUSB 之前要进行彻底的杂物预处理，一般要采用旋转网状格栅将污水中杂物固体进行截留，且 HUSB 布水器要

封盖，运行中还要能及时查看布水状态，遇有问题及时发现、及时处理。

② HUSB 运行中要随时探查污泥层的状态，保证高度稳定、操作平稳，排泥及时不过量。要确保水解污泥层无堆积、无厌氧反应，确保污泥区的污泥始终是"新鲜"的水解污泥。如直观判断不准确，可通过测定池内气体成分变化来判断，如硫化氢成分增加，则可能内部反应出现不正常。对于出现的不正常情况如运行中不能调整回来，则要停止运行进行较为彻底的处理。

（3）填料接触型水解反应池运行中易出现的问题　填料接触型水解反应池需通过搅拌器来完成污水与水解微生物的充分接触，进而实现水解酸化反应。运行中受搅拌器搅拌角度限制及搅拌器故障后失去搅拌功能等，经常会出现水解酸化池内污泥堆积而发生厌氧现象。一方面，池上会出现难闻的异味，影响操作人员的健康；另一方面，硫化氢对搅拌器电缆、接线盒、搅拌器吊装系统、水解池盖板等，有着较强的腐蚀破坏，对装置的稳定运行危害很大。

（4）解决填料接触型水解反应池运行中出现的问题

① 要有充分的手段保证搅拌效果，在搅拌器布置时数量要足够，搅拌范围确保池内所有空间不能有死角，且有一定的备用手段。运行中出现的故障要能及时修复，不影响搅拌功能。

② 在水解酸化池内增设微好氧供气设施。即在填料下部设置一部分曝气，气量控制在较少供气范围内。在搅拌的同时供入少量空气，既强化了搅拌功能，又可使所供入空气得到充分利用。经中国环境科学院、清华大学等单位对某化工厂污水进行的微好氧水解酸化研究显示，在水解酸化池内通入空气后，不同 DO 浓度对水解酸化 COD 去除效果不同，随着 DO 浓度升高，COD 去除率出现先升高、后降低的趋势，在 DO 浓度为 $0.2\sim0.3mg/L$ 时，COD 去除率达到最大 28%，BOD_5/COD 也达到最大 0.42。微好氧条件对水解酸化硫酸盐的还原有抑制作用，并且随着 DO 浓度的升高，抑制作用增强，可减少对池体及设备的腐蚀。在微好氧条件下，不同 DO 浓度对挥发酸产酸量的影响也不同。随着 DO 浓度的升高，VFA 产生量也发生变化，在 DO 为 $0.2\sim0.3mg/L$ 时最大，为

0.57mmol/L。综合考虑能耗、生化性改变、酸性气体的抑制及COD 的去除率等因素，在 DO 浓度为 0.2～0.3mg/L 时，水解酸化效果效能最佳。因此，在水解酸化池内增设微好氧曝气功能，可有效抑制厌氧反应的发生，既可解决硫化氢大量产生的问题，又有较好的去除效果，为后续工艺创造较好的水质条件。

第四章 ▶ 污水处理新技术实践

第一节 生物强化技术实践

❶ 什么是生物强化技术？

生物强化技术就是为了提高废水处理系统的处理能力而向废水生物处理系统中投加从自然界中筛选的优势菌种或通过基因组合技术产生的高效菌种，以去除某一种或某一类有害物质的方法。它通过向自然菌群中投加具有特殊作用的微生物来增加生物量，以强化对某一特定环境或特殊污染物的去除作用。投入的菌种与基质之间的作用主要有直接作用和共代谢作用。

❷ 高效菌种的作用机理是什么？

高效菌种的作用是通过高效菌种的直接作用和微生物的共代谢作用共同来完成的。

（1）高效菌种的直接作用 这种作用机制首先需要通过驯化、筛选、诱变和基因重组等生物技术手段得到 1 株以目标降解物质为主要碳源和能源的高效微生物菌种，再经培养繁殖后，投放到具有目标降解物质的废水处理系统中。因此，当原处理系统中不含高效菌种时，如果投入一定量的高效菌种，则可有针对性地去除废水中的目标降解物质；当原处理系统中只存在少量高效菌种时，那么投加高效菌种后，可大大缩短微生物驯化所需要的时间。在水力停留时间不变的情况下，能达到较好的去除效果。

（2）微生物的共代谢作用 所谓微生物的共代谢作用是指只有

在初级能源物质存在时，才能进行的有机物的生物降解过程。共代谢过程不仅包括微生物在正常生长代谢过程中对非生长基质的共同氧化，而且也包括了休止细胞对不可利用基质的氧化代谢。微生物的共代谢作用可分为以下几种。

① 以易降解的有机物为碳源和能源，提高共代谢菌的生理活性。

② 利用目标污染物的降解产物、前体作为酶的诱导物，提高酶活性。

③ 不同微生物之间的协同作用。共代谢虽然能提高难降解有机物的去除效果，但机理十分复杂，迄今有很多问题尚处于研究阶段。许多难降解有机物的去除是通过共代谢途径进行的。

③ 生物强化技术功能菌发挥作用有哪些方式？

在生物强化中，功能菌可通过直接作用实现强化，也可通过水平基因转移（HGT）间接实现强化。

（1）直接作用　直接作用是指特定功能微生物加入生物处理系统后，通过自身的增殖和代谢去除目标污染物以改善系统处理能力。这种方式最普遍，研究较多，就目前研究成果来看，也最具应用价值。按功能菌投加到处理系统后存在的形式，可简单分为简单投加、与载体联合及包埋固定三种工艺。

① 简单投加实现强化　简单投加是指在以活性污泥为功能单位的工艺及反应器中投加功能菌种，投加后这些菌种以游离或悬浮状态存在。这种工艺简单、易于操作，在进行操作时既可用单一微生物进行投加，也可用混合菌投加。用单一菌进行生物强化，具有菌种培养简单、成本相对较低等优点，并且在效果评价及工艺改进方面也较方便，受到了一些研究者的青睐。

但当废水中含有较多种类难降解污染物时，混合菌或微生物制剂可能更有优势。这是由于混合菌不仅可以通过协同作用降解单一菌种不能完全降解的污染物，并且在混合菌中相同功能的微生物之间，在一种失去作用时，另一种可继续维持对目标物的降解，这都预示着混合菌有更强的降解能力和对环境的适应能力。

简单投加方式可明显提高系统对目标物去除能力和增强系统耐负荷冲击能力，并且在提升系统整体处理能力方面也有很好的表现，能满足一些现有污水处理厂升级及应急的需要。同时它也有自身的不足，例如投加菌种流失密度高，与土著微生物竞争时处于劣势或被其他微生物（如原生动物）吞噬等。这都会影响强化菌在处理系统中的稳定存在，致使强化效果不能稳定保持，常需要周期性补加强化菌种。

② 与载体联合实现强化　与载体联合是指强化菌引入处理系统后附着在载体上，结合载体所形成阻滞及剪切作用共同提高系统的整体处理能力。该工艺功能有以下几个。

a. 载体不仅可为微生物附着和生存提供支持物，且形成生物膜后由于膜的附着和截流作用，还能极大减少微生物的流失密度，使系统能维持较高的生物量，缩短系统启动时间和使其获得稳定的处理能力。

b. 形成膜后功能菌附着于载体上，出水中强化菌的流失密度极大减少，降低了生态风险，为基因工程菌在废水处理中的应用提供了支持和途径。

c. 载体所形成的剪切作用可使气泡、溶解性物质及胶体悬浮物更充分地分散，使微生物与营养和污染物更好地接触，提高系统处理效率。此工艺的关键点是载体上强化菌的数量。为了增加载体上强化菌的数量，研究者多是通过在废水生物处理系统安装或者投加载体后，在尽量除去其他微生物的前提下，再配以合适的营养及环境条件让功能菌在载体上挂膜，之后再应用到废水处理中。

③ 包埋固定实现强化　包埋固定通常是利用高聚物在形成凝胶时将细胞包埋于其内部形成，该法操作简单，对细胞活性影响较小，制作的固定化细胞球的强度较高，是目前研究最广泛的固定化方法。此技术的应用不仅能提高系统处理能力，也能增强系统对环境条件变化的适应性。原因可能有以下几个。

a. 固定剂形成的微球囊结构并不影响营养物质和小分子污染物的进出，但可阻止强化菌流出和土著微生物进出，从而减少强化菌的流失和被原生动物的吞噬作用能维持较高的生物量。

b. 微球囊结构对水质、环境条件的变化还能起到一定的缓冲作用。可以想象包埋固定技术相当于是由几乎不相互作用的两部分菌群共同在发挥作用，即微球囊中的功能菌和原废水处理系统中的土著微生物。

（2）利用 HGT 间接实现生物强化　HGT 是指不同的生物个体之间或单个细胞内部细胞器之间所进行的遗传物质的交流。能够发生 HGT，且能够在受体细胞中稳定地表达传代的遗传物质称为可移动遗传因子（mobile genetic elements），一般分为质粒和线状 DNA 两大类，包括有噬菌体类 DNA、质粒、转座 DNA 和基因岛等。

用其进行生物强化是指将含有降解基因的微生物加入生物处理体系后，利用微生物之间的 HGT 作用使土著微生物获得所投加菌的降解特性，从而实现生物强化。由于土著微生物对处理系统环境及水质条件有很好的适应性，可克服直接强化时强化菌流失及对新环境的不适应性等缺点，因而，HGT 被认为是一个在原位改进微生物特性、提升原废水处理系统性能的有效方式。

由于受引起 HGT 条件的制约，对 HGT 的研究主要集中在土壤体系和生物膜废水处理系统。这是因为细胞间的紧密接触和接触时间是影响 HGT 的关键因素。然而，由于操作条件的复杂性和人们对环境中基因转移的速率、环境因子对基因转移的影响了解不深入，目前，即使是在有利于 HGT 的生物膜处理系统上的研究进展也很缓慢。多数研究处于实验室阶段，在中试规模的实验中成功的例子很少。

4 **生物强化有哪些作用？**

（1）提高对目标污染物的去除效果。

（2）改善污泥性能，增强污泥活性，减少污泥产量。

（3）提高了系统的抗负荷冲击能力和稳定性。

（4）加快系统的启动速度。

5 **在生产实践中如何进行高效菌制剂的培养及驯化？**

向生化池中投加菌体活化制剂、高效菌制剂及营养物质，其间采用间歇式进水方式，直至达到设计水位；并适当调整进水量及曝气方式，进行高效菌种的培养和驯化。20d 后实现连续进水，实现了系统的成功启动。连续进水期间，通过合理调控工艺运行条件，创造出高效菌生长和增殖的必要环境，使高效菌在很短的时间内就适应了多变的水质、水量变化，为进一步提高生化池出水水质提供保证。

6 **在生物强化技术中的指示微生物与普通活性污泥法中的有何区别？**

在生产调试过程中作者获得了一批珍贵的镜检照片，直观地给出了投加了高效工程菌制剂的在其中一系列生化系统（图 4-1）与未经生物强化的二系列生化系统（图 4-2）生物的存在状态及丰富程度。

7 **如何控制生物膜反应器中生物膜的厚度以达到最佳的处理效果？**

生物膜反应器中生物膜的厚度与反应器中气、水的冲刷强度有关。气与水的冲刷强度持续较大，则生物膜的机械脱落加快，厚度降低。而如果冲刷强度维持在一个适中的范围时，保持稳定的冲刷因素，则生物膜也会逐渐适应这种冲刷，其厚度也会维持在一个相对稳定的范围内。当生物膜的厚度超过一定厚度后，生物膜的内部将出现厌氧区，厌氧区的出现容易造成 NH_4^+、CH_4、H_2S 及有机酸的积累，若不及时向外传递，将逐渐影响生物膜的活性和在载体表面的附着程度，甚至导致生物膜的异常脱落。因此，为保持生物膜的活性，需采取一定的措施，例如，在有机负荷不增加的情况下，采用提高水力负荷、强化供氧等措施来控制生物膜的厚度或保持生物膜整体的好氧条件。

8 **生物强化技术在生产实践中的处理效果有哪些？**

对有机污染物的处理效能有明显提高。通过对生化系统总进水和系列二次沉淀池出水进行的 GC-MS 分析、测定，可以得到投加高效菌种的系列比未投加高效菌种的系列对特征污染物具有更高的处理能力的结论。

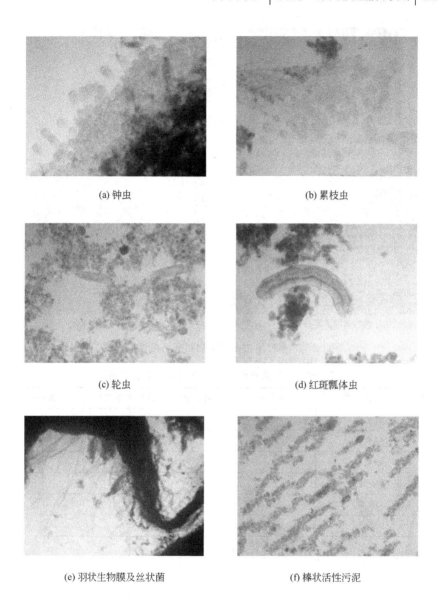

(a) 钟虫

(b) 累枝虫

(c) 轮虫

(d) 红斑瓢体虫

(e) 羽状生物膜及丝状菌

(f) 棒状活性污泥

图 4-1 一系列生化系统生物相及污泥性状观察

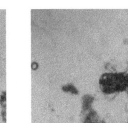

(a) 线虫

(b) 水螨

(c) 结构松散的活性污泥

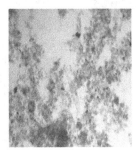

(d) 少量钟虫

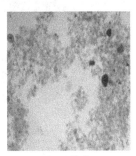

(e) 轮虫

图 4-2 二系列生化系统生物相及污泥性状观察

表 4-1 生化系统进出水的有机物种类及数量

有机物种类	生化系统进水	系列出水(加菌种)	系列出水(未加菌种)
烷烃类	16	6	7
烯烃类	13	2	2
炔烃类	0	0	1
芳香烃类	8	0	1
醇类	6	3	1
醛类	4	1	1
醚类	2	0	0
酯类	11	3	5
酮类	14	1	8
酸类	2	3	1
苯酚类	13	6	1

续表

有机物种类	生化系统进水	系列出水（加菌种）	系列出水（未加菌种）
硝基苯类	1	0	0
胺类	7	1	2
杂环化合物	11	1	3
腈类	2	0	1
其他	4	1	3
合计	114	28	37

由表 4-1 中可以很明显地看出，废水中有机物的种类和浓度经过生物强化工艺处理后都大大降低了，一系列出水中有机物的种类由进水中的 114 种减少到 28 种，比运行状态最好的二系列多去除 9 种；其中炔烃类、芳香烃类、醚类、硝基苯类及腈类物质在出水中检测不到，充分说明了生物强化工艺污染物去除能力是相当强的。

9 生物强化有哪些主要控制参数？

生物强化技术的成功应用要充分考虑投菌量、投菌方式、水质、营养物质、反应器类型、生物安全性、可行性验证等多种因素。

10 生物强化技术在水污染治理中应用失败有何原因？

利用优势菌种对生化反应处理污水进行强化提高，该技术已提出多年。但实践证明，如果没有投加营养源或通过特殊反应器提供优势反应条件，单纯地靠接种驯化后难以保持生化系统的连续稳定运行，无法达到试验期间的运行效果。

（1）废水成分复杂，用生物强化技术的优势菌种本身不一定适应所有污染物，很难达到预期的目标和效果。

（2）连续运行生化反应系统进水的底质难以维持优势菌的生长所需。

（3）共存生物通过捕食竞争营养源等方式抑制了优势菌的生长

繁殖。

（4）投菌量以及投菌方式、运行方式的不当导致了菌体的流失。

（5）pH值、环境温度等不利环境因素的影响都会造成优势菌种的损失。

第二节　生物倍增技术实践

11 **生物倍增技术的基本原理是什么？**

生物倍增（Bio-Dopp）工艺技术是德国恩格拜环保技术公司在污水处理领域内30多年的科学研究和实践经验积累的基础上开发出的一项世界领先的污水处理技术。

生物倍增工艺主要是通过采用德国恩格拜环保技术公司研发的特殊材料制成的可防止堵塞的Bio-Dopp曝气系统、Bio-Dopp生物磷系统、Bio-Dopp空气提升系统及Bio-Dopp快速澄清装置，将生物硝化、反硝化、释磷、吸磷、有机物氧化、污泥消化、稳定，即生物脱氮除磷、有机物的氧化去除、污泥的消化稳定等各工艺全部协调在同一反应池内同时进行。

生物倍增工艺曝气池有两种基本形式：一种是普通曝气池，无填料；另一种是固定床结构。Bio-Dopp固定床由单一的分装置构成，由平直和波纹聚丙烯带焊接而成。在专用框架的支撑下，分装置也用作曝气软管的导向装置，这保证固定床范围内的曝气几乎百分之百地重新均匀分配。在运行过程中，在水流中向上流动的细小气泡不断更新其接触表面，使气体交换（即输入氧气而输出二氧化碳）增加到理想程度。Bio-Dopp曝气器，连同Bio-Dopp固定床，在处理池内形成各自分开的间隔，这些装置的安装形式驱使无数细小气泡同时均匀地通过固定床的槽沟。即使在负荷极高的污水处理厂内，这种特别的设计也能避免堵塞现象的发生。在固定床表面长成的生物泥，可轻易地在曝气器软管的清洗等过程中被冲洗干净。池内的水可能含有适量浓度的污泥，但不会影响固定床内生物泥的厚度。Bio-Dopp快速澄清器组合，能够浓缩池中悬浮的活性污泥，使处理性能达到常规工艺的两倍。组合内特别设计的槽沟构造改善了对向上流动的水流的过滤效果，使出水具有良好的澄清度，从而大大改善流出水的水质。

（1）生物倍增工艺的主要理论基础 生物倍增工艺废水生物处理，主要有 4 个基本原则。

① 在较高浓度的活性污泥中，培养尽可能多、生长速度慢的特殊菌种，来降解废水中难降解的有机物。

② 进行大比例回流循环，并在每个循环过程中处理尽可能少的有机物，同时使进水与出水的浓度差尽可能达到最小，处理难度最低。

③ 由于微生物菌群和特性的改变，以及水力结构和快速澄清系统的特性，使得生物池中活性污泥浓度均匀稳定地达到 8g/L 以上。

④ 溶解氧浓度稳定地控制在 0.3mg/L 以下，溶解氧浓度的控制是通过溶解氧监测仪自控回路控制鼓风机风量来实现。

（2）除碳 生物倍增工艺去除 COD 的理论基础和传统的好氧活性污泥反应的理论基础基本相同，都是微生物群体，利用水中的溶解氧，降解水中的有机物来提供自身能量并进行繁殖，从而使废水得到净化的过程。其反应动力学也符合莫诺模式，但工艺本身也对传统的好氧生物法进行了较大的改进。

有机物的氧化分解反应式如下：

$$C_x H_y O_z + \left(x + \frac{1}{4}y - \frac{1}{2}z\right)O_2 \xrightarrow{\text{酶}} xCO_2 + \frac{1}{2}y H_2O + 能量$$

原生物的同化合成（以氨为氮源）反应式如下：

$$nC_x H_y O_z + NH_3 + \left(nx + \frac{n}{4}y - \frac{n}{2}z - 5\right)O_2 \xrightarrow{\text{能量}}$$

$$C_5 H_7 NO_2 + \frac{(ny-4)}{2}y H_2O + (nx-5)CO_2$$

（3）脱氮 在生物倍增曝气池前半段，溶解氧都被微生物降解有机物所消耗，溶解氧浓度基本都为 $0\sim0.05mg/L$，在池子后半段，负荷降低，溶解氧开始有富余，溶解氧为 $0.05\sim0.3mg/L$，这样的溶解氧浓度条件，给硝化反硝化同时进行提供了一个最佳条件。氨氮硝化反硝化过程有短程硝化反硝化和全程硝化反硝化两种。全程硝化反硝化就是反硝化菌群利用 NO_3^- 作为电子受体，进行反硝化，而短程硝化反硝化中反硝化菌群可以利用 NO_2^- 作为电子受体进行反硝化，即亚硝化微生物将 NH_4^+-N 转化为 NO_2^--N，随即由反硝化微生物直接进行反硝化反应，将 NO_2^--N 还原为 N_2 释放，整个生物脱氮过程比全程硝化反硝化历时要短得多。在生物倍增工艺中，以短程硝化反硝化为主。

短程同时硝化反硝化生物脱氮过程，除了具备同时生物脱氮过程的一系列优点外，与全程硝化反硝化相比，还具备特有的一些优点。

① 硝化阶段可减少 25% 左右的耗氧量，降低了能耗。

② 反应时间短。

③ 具备较高的反硝化速率，NO_2^- 的反硝化速率通常比 NO_3^- 高 63% 左右。所以其生物脱氮过程比一般硝化反硝化反应进程快，脱氮效率高。其主要反应式如下：

$$NH_4^+ + 1.5O_2 \longrightarrow NO_2^- + 2H^+ + H_2O$$

$$2NO_2^- + 3H(电子供给体) - COD \longrightarrow N_2 + H_2O + OH^-$$

而全程硝化反硝化主要反应式如下：

$$NH_4^+ + 2O_2 \longrightarrow NO_3^- + 2H^+ + H_2O$$

$$2NO_3^- + 10H(电子供给体) - COD \longrightarrow N_2 + 4H_2O + 2OH^-$$

生物倍增工艺去除 COD 的理论基础和传统的好氧活性污泥反应理论基本相同，都是微生物群体利用水中的溶解氧降解水中的有机物来提供自身能量并进行繁殖，从而使废水得到净化的过程。但工艺本身也对传统的好氧生物法进行了较大的改进。在生物倍增池内曝气区各处溶解氧均控制在 0.3mg/L 左右，均质的低溶解氧浓度环境给同步硝化反硝化同时进行提供了一个最佳的条件，在曝气区实现了彻底的脱氮过程，生物倍增池内的同步硝化反硝化以短程为主，从而在保证脱氮的前提下进一步降低了氧气和碳源的需求。

（4）除磷 生物倍增工艺的生物除磷是靠污水中存在的一定量

的某些细菌种群的生化作用来完成的。这些细菌包括不动杆菌属、假单胞菌属、气单胞菌属和棒杆菌属等，均属于异养型细菌，由于具有吸取磷的功能统称为聚磷菌，也称嗜磷菌。嗜磷菌交替地处于厌氧与好氧条件下，在厌氧条件下，聚磷菌体内的 ATP 进行水解，放出 H_3PO_4 和能量，吸收、黏附、吸附可溶性低分子量的可生化有机物（即碳源），作为好氧吸取磷的能量贮存在细胞内；好氧状态时，碳源有机物被细菌所氧化，提供能量使嗜磷菌的细胞迅速增长和繁殖，从外部环境中将 H_3PO_4 摄入体内，摄入的 H_3PO_4 一部分用于合成 ATP，另一部分则用于合成聚磷酸盐贮存在细胞内。嗜磷菌既释放又摄取磷的生理机能是靠其细胞所特有的酶来实现的，由于摄取的磷在数量上远远大于释放的磷量，在运行中将吸取了大量磷的细胞随污泥排掉，则达到生物除磷的目的。生物倍增池中分别设置厌氧段、好氧段，创造出一个好的厌氧—好氧—沉淀排放的循环过程，将污水中的磷随污泥排放。并且在厌氧和好氧状态下使活性污泥与污水充分混合，活性污泥始终处于悬浮状态，促使嗜磷菌的细胞与所要吸取的物质充分接触，以增加反应速率和加大吸取量。同时，曝气区良好的脱氮效果使得回流液中化合态氧（NO_3^- 或 NO_2^-）浓度很低，更促进磷的厌氧有效释放，进而大大提高好氧吸磷能力。

生物倍增工艺流程如图 4-3 所示。

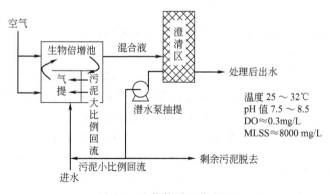

图 4-3 生物倍增工艺流程

12 生物倍增工艺的特点有哪些?

生物倍增工艺将整个污水处理过程巧妙地安排在一个反应池内进行,旨在为微生物提供良好的生存环境,提高效率。概括而言,生物倍增工艺具有以下特征。

(1) 一体化结构使得建设污水处理厂占地减少,并节省土建投资。

(2) 低溶解氧控制方式实现了同步脱氮。

(3) 高效曝气系统及低溶解氧控制方式大大节省能耗。

(4) 具有自清洗、防堵塞、不停车更换等特点的曝气系统。

(5) 大比例循环稀释技术大大提高了工艺的耐冲击性。

(6) 运行和监控过程简化使得运行高效、安全稳定。

13 生物倍增技术的工艺控制条件有哪些?

(1) 溶解氧控制 在生物倍增池中溶解氧浓度控制在 0.3mg/L 左右,溶解氧浓度主要是通过溶氧仪-鼓风机控制回路控制供风量的大小来对其进行控制。

(2) 污泥浓度控制 生物倍增反应池中的污泥浓度控制在 6～10g/L。

(3) 混合液回流控制 通过调整空气推流器的气量来调整混合液回流比,正常情况下回流比大于 30。在进水浓度较高时,空气推流器气量会增大,增大回流比,过程全部为自控,无需人工调节。

14 生物倍增工艺运行调试需要注意哪些方面?

(1) 接种污泥 首先开启试验装置鼓风机,开启曝气。将潜水泵放入配泥井,打开潜水泵电源开关,进水阀全开,将接种污泥引入试验池中,当液位淹没空气推流器的矮墙 10cm 时,开启空气推流器,使得池内能够进行循环流动,观察曝气系统、空气推流系统和快速澄清系统各个系统的运行状况。当池中泥水混合液充满有效容积达到 80％时,关闭潜水泵电源开关,停止进泥。进泥过程中连续曝气,对进入池内的活性污泥进行闷曝,进泥结束后将潜水泵移回配水井准备开始进水。

（2）进水及联动试验　打开潜水泵电源开关，进水阀微开，维持进少量污水（$0.1m^3/h$）。

（3）监测　开始进水后，应对试验系统水质进行监测，主要有COD、氨氮、pH 值等指标。当池内可以进行循环时，还应在取样点 1（空气推流器后）、取样点 2（快速澄清区进水前），分别取水样进行监测。

（4）出水　监测所述数据，当取样点 2 的监测值达到计划出水要求时，开始少量进水，进水量应从设计水量的 20%开始，逐渐上升（如每隔 5d 提高设计负荷的 10%～20%，具体根据现场实际情况决定），若上升过程中出现取样点 2 监测值大于设计出水要求，则减少进水量，将进水控制在 $0.2m^3/h$ 左右，当取样点 2 监测值达到设计出水要求时，逐渐增加进水量，使之至满负荷运转。

（5）系统调试　在上述调试步骤的同时还应同时进行以下几项调试。

① 空气推流系统调试。空气推流系统对于生化系统的回流量起决定作用，根据调试期间进水水质的变化逐步增大空气推流器的控制阀门开度，增大回流量，直至达到预期处理负荷后则不再手动调节空气推流系统，仅通过总气量的变化实现空气推流器和整个曝气系统的协同变化。

② 框架式空气推流器需风量和淹没高度的确定。空气推流器的高低也决定推流能力的大小，但过深和过浅都影响整体的推流效果。通过观察曝气区隔板处水流速度调整空气推流器的合适高度。

③ 空气调节、溶氧仪测试及仪表系统调试。利用溶氧仪的读数调整供气管道调节阀，摸索阀门开度及流量与溶氧间的规律。为日后的稳定溶氧做好基本测试。

④ 快速澄清区反冲洗系统的测试。

第三节　催化氧化技术

15 什么是高级氧化技术？

高级氧化技术是利用反应中产生的强氧化性的·OH 作为主要

氧化剂氧化分解有机物，进而处理有机废水的氧化方法，它具有如下特点。

（1）反应过程中产生大量活泼的·OH，其氧化还原电位为2.80V，·OH是反应的中间产物，可以诱发后面的链反应，·OH的电子亲和能是569.3kJ/mol，可将饱和烃的H抽提出来，形成有机物的自身氧化，从而使有机物降解，这是各类氧化剂单独使用都做不到的。

（2）反应速率快，氧化速率常数一般为 $10^6 \sim 10^9 \, \mathrm{m}^{-1} \cdot \mathrm{s}^{-1}$。

（3）适用范围广。

（4）反应条件温和，反应在强碱或强酸介质中进行。

（5）既可作为单独处理技术，又可以与其他处理过程相匹配。

（6）操作简单，易于设备化管理。

由于氧化过程中选用的氧化剂和催化剂种类不同，高级氧化技术也可分为芬顿氧化法、光化学（催化）氧化法、臭氧类氧化法、湿式氧化法、电化学氧化法和超临界水催化氧化法等，根据氧化剂的相态，可分为均相催化氧化和非均相催化氧化。

16 污水处理高级氧化催化剂的制备方法有哪些？

能够作为催化剂的物质要满足比表面积大小适中、良好的选择性、活性和寿命，对热、有毒物质及过程条件变化有良好的稳定性，力学性能良好。催化剂制备方法包括机械混合法、浸渍法、沉淀法、浸熔法、热熔融法、离子交换法、纤维化法、化学键合法等，催化剂的外形分为球形、短柱形、蜂窝形等。

机械混合法是将多种物质放入设备内混合，方法简单。浸渍法是将载体浸入金属离子溶液中，将载体沥干，然后进行热处理。沉淀法是在金属盐溶液中加入沉淀剂，经一系列处理后得到催化剂。浸熔法是用液态药剂或水抽去体系中的部分物质，制成多孔的催化剂。热熔融法用来制备某种特殊催化剂。离子交换法是将某种物质投入含有其他离子的溶液中，在一定的温度、pH值条件下，使其表面的金属阳离子与其他阳离子交换。

17 **何为臭氧催化氧化技术？**

臭氧是氧的同素异形体，臭氧具有极强的氧化性，在降解有机物的方面有良好的效果。当其溶解在水中时，可以直接氧化有机物，但单独的臭氧氧化过程，臭氧在水中的溶解度较低，利用率不高，臭氧催化氧化技术是一种高级氧化技术，在催化剂的作用下，能够加大水中臭氧溶解量，加强臭氧的氧化能力，提高氧化效率，臭氧催化氧化技术分为均相催化臭氧化和非均相催化臭氧化两类。

均相催化臭氧化一般选用过渡金属作为催化剂，如 Cr^{3+}、Fe^{2+}、Cd^{2+}、Ni^{2+}、Cu^{2+}、Mn^{2+}、Ag^+、Co^{2+}、Zn^{2+} 等，其催化剂是溶于废水中，与反应物形成均一相，催化剂容易流失，造成二次污染。

非均相催化臭氧化所用的催化剂主要是金属氧化物和负载在载体上的金属或金属氧化物，如 MnO_2、TiO_2、Al_2O_3、Cu/Al_2O_3、Cu/TiO_2、Ru/CeO_2、$V-O/TiO_2$、$V-O/硅胶$、TiO_2/Al_2O_3、Fe_2O_3/Al_2O_3 等，这些物质是固体，不溶于水，避免了均相催化过程中催化剂随水排走的问题，具有制备工艺简单、易于回收处理、水处理成本较低、活性高等优点，催化剂的活性主要表现在对臭氧的催化分解和·OH 的产生。

18 **臭氧氧化反应机理是什么？**

臭氧在水中的反应可以分为直接反应和间接反应。

直接反应是指臭氧分子直接和污染物的反应，主要有氧化还原反应、环加成反应、亲电取代反应等，具有反应速率慢、有选择性等特点。

间接反应是指利用臭氧分解（或是其他的直接反应）产生的羟基自由基（·OH）和污染物的反应，羟基自由基可以与水中大部分有机物（以及部分的无机物）发生反应，具有反应速率快、无选择性等特点。

废水 pH 值高于 7 时，以间接反应为主，有利于臭氧氧化。污水处理厂二级生化出水在 7～8 之间，对其进行臭氧氧化时可以不调 pH 值。

19 臭氧催化氧化机理是什么？

臭氧催化氧化是利用臭氧在催化剂作用下产生的·OH 氧化分解水中有机污染物，由于·OH 的氧化能力极强，且氧化反应无选择性，所以可快速氧化分解绝大多数有机化合物（包括一些高稳定性、难降解的有机物）。

负载金属的活性炭催化剂是由微小结晶和非结晶部分混合组成的复合物，催化剂表面含有大量的酸性或碱性基团。这些酸性或碱性基团的存在，特别是羟基、酚羟基的存在，使催化剂不仅具有吸附能力，而且还具有催化能力。臭氧/催化剂协同作用过程中，在催化剂的作用下使臭氧分解产生·OH 从而引发链反应，此反应还会产生具有强氧化能力的·O。

臭氧催化氧化特点如下。

（1）对有机污染物氧化能力极强，除去有机物能力强。

（2）催化剂的参与，氧化选择性大大降低，几乎广谱适用，反应效率高。

（3）有机物最终分解成 CO_2 和 H_2O，无有毒有害中间产物，安全环保。

（4）pH 值在中性或碱性均可，无需调节污水 pH 值。

（5）臭氧发生器以电能和空气产生臭氧，无化学药剂，现场安全卫生。

（6）氧化反应时间较短，一般控制在 30min 左右，反应器容积较小。

20 臭氧催化氧化的影响因素是什么？

臭氧催化氧化过程的效率主要表现取决于催化剂及其表面性质、溶液的 pH 值、反应时间等方面。

（1）催化剂的用量　加大催化剂投加量可以提高臭氧的氧化效果，但当催化剂超过一定量时，对臭氧氧化效果会减少，催化剂的影响会减弱。

（2）反应时间　有机物的去除率是随反应时间的增加而提高，但当反应一段时间后，去除率趋于定值，这时所用的时间为最佳反应时间。

（3）pH 值　pH 值对氧化系统的影响很大，由于有机物和催化剂性质不同，最佳 pH 值会有所区别，但一般中性情况下效果最好。

（4）进气流量　臭氧进气流量增大可以加快有机物氧化速率，缩短反应时间。

（5）污染物浓度　在臭氧催化氧化过程中，反应速率会随着污染物的浓度升高而加快。

21 什么是芬顿氧化法？

芬顿氧化法是利用芬顿试剂对水中的还原性污染物质进行氧化的方法。芬顿试剂是 1894 年由 Fendon 首次开发并应用于苹果酸的氧化，其典型组成为过氧化氢和 Fe^{2+}。其作用机理是 H_2O_2 在 Fe^{2+} 的催化作用下产生 $\cdot HO$，$\cdot HO$ 与有机物进行一系列的中间反应，其最终氧化为 CO_2 和 H_2O。

芬顿氧化一般在 pH 值为 2～4 下进行，此时 $\cdot HO$ 生成速率最大。

芬顿试剂可以氧化水中大多数有机物，适合处理难以生物降解和一般物理化学方法难以处理的废水。影响该系统的因素主要有pH 值、亚铁离子浓度和过氧化氢浓度。由于芬顿氧化法需要添加亚铁离子，残留的铁离子可能使处理后的废水带有颜色，可以用化学沉淀法去除铁离子，产生的含铁污泥从水中分离。由于铁离子兼具混凝效果，在降低水中铁离子浓度的同时，也可去除有机物。

芬顿氧化法具有反应速率快、操作简单等特点。但普通的芬顿氧化法在运行时消耗过多的 H_2O_2，从而提高了处理成本。

将紫外线、可见光、电场、超声波等因素引入芬顿系统，或采用其他过渡元素替代 Fe^{2+}，可以提高羟基自由基的产量，并可减少芬顿试剂的用量，降低处理成本。

22 什么是光催化氧化法？

光催化氧化法是在有催化剂的条件下的光化学降解，分为均相和非均相两种类型。均相光催化降解是以 Fe^{2+} 或 Fe^{3+} 及 H_2O_2 为介质，通过光助芬顿反应产生羟基自由基，使污染物得到降解。非均相催化降解是向水中投加一定量的光敏半导体材料，如 TiO_2、WO_3、ZnO、CdS、SnO_2 等，同时结合光辐射，使光敏半导体在光的照射下激发产生电子-空穴对，吸附在半导体上的溶解氧、水分子等与电子和空穴作用，产生氧化能力极强的自由基，达到高效氧化有机污染物的目的。

据资料介绍，某研究院环保所用光催化氧化-混凝工艺处理化工废水，在试验中探究了光催化氧化-混凝工艺处理废水的工艺条件，最佳光催化氧化处理条件如下：pH 值为 3，催化剂为铁盐，氧化剂为 H_2O_2，低压汞灯，光照时间为 1.5h，废水温度为 45℃，混凝剂选用 PAC 和 PAM（混凝剂的投加量为原水 COD_{Cr}：PAC：PAM＝7：1.5：0.01），混凝 pH 值为 6，沉降时间为 0.5h。在该工艺条件下对 COD_{Cr} 为 173～70144mg/L 的十二烷基苯磺酸钠废水、苯酐废水、富马酸废水、邻苯二甲酸二辛酯废水、对苯二甲酸废水、对苯二甲酸二甲酯废水、腈纶废水、橡胶废水、印染废水等进行了处理，COD_{Cr} 去除率为 38%～96%，出水 BOD_5 与 COD_{Cr} 值大多数有所提高，印染废水色度去除率≥96%。

23 什么是湿式催化氧化法？

湿式氧化法是在高温（150～350℃）、高压（0.5～20MPa）条件下，在液相中用氧作为氧化剂，将其中的有机物氧化为二氧化碳和水的一种处理方法。

湿式氧化法适用于 COD 浓度为 20～200g/L 的高浓度、难生物降解以及有毒的废水与污泥。

由于湿式氧化法在高温、高压下进行，要求设备材质耐高温、高压和耐腐蚀，设备一次性投资大，运行费用高，仅适用于小流量、高浓度废水等特殊场合。

在湿式氧化法中引入催化剂，称为湿式催化氧化法，利用湿式催化氧化法可明显降低反应温度和压力，缩短处理时间，降低设备的耐压要求，减缓设备腐蚀，从而减少设备投资和处理费用，应用较多的催化剂为 Cu、Fe、Ni、Co、Mn、V 等过渡金属氧化物及盐类。

作为废水处理用的催化剂载体，首先要求载体具有优良的耐水性能，对酸性和碱性废水，所用载体有一定差异。见诸报道的载体有 Al_2O_3、SiO_2-Al_2O_3、硅胶、活性炭、TiO_2 或 ZrO_2、TiO_2-ZrO_2、TiO_2-SiO_2-ZrO_2 和 TiO_2-ZnO、MgO-Al_2O_3-TiO_2 结晶性酸性复合物等。

氧化剂一般采用可产生分子态氧的物质，如 H_2O_2、空气和氧气。空气由于便宜，来源广，应用较多。

据资料介绍，在丙烯酸废水处理过程中，因为废水中存在较多难以氧化的小分子有机物，通常采用温度 250~280℃，压力 70~75kgf/cm²❶。对于丙烯酸废水，氧化反应处于酸性环境，反应温度较高，故载体须有优良的耐水性能，由含 $ZrTiO_4$ 结晶的钛和锆的复合氧化物制成的载体具有良好的性能。

某科技职业学院在低温、低压下进行湿式催化氧化研究，采用萧山某化工公司的生产废水进行了中试试验，取得了很好的处理效果。催化剂的制备方法是将活性炭置于质量分数为 10% 的 HNO_3 溶液中，在水浴中回流 2h，再用水洗至中性，经热处理和扩孔处理，在硝酸盐溶液中浸渍、焙烧，制备出催化剂。

试验条件采用催化剂质量分数为 80%，氧化剂投加量为 2500mg/L，pH 值为 3，气水比为 6，反应时间为 60min 时，小试试验 COD 去除率达到 70.7%，现场中试试验 COD 平均去除率达到 60%。

㉔ 臭氧氧化单元的基本工艺流程是什么？

臭氧氧化单元基本工艺流程如图 4-4 所示，臭氧氧化单元主要装置为气源预处理系统、臭氧发生器、臭氧氧化池、清水池、臭氧尾气破坏器，其中空气气源预处理系统包括空分系统和净化系统，氧气气源预处理系统包括制氧系统和净化系统，臭氧氧化池分为填装无催化性填料和不填装填料两种。

---

❶ 1kgf/cm² = 98.0665kPa。

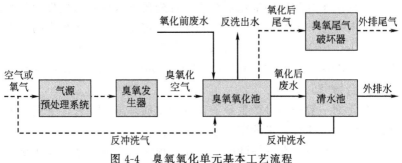

图 4-4　臭氧氧化单元基本工艺流程

25 **臭氧氧化工艺的尾气如何处理?**

臭氧氧化工艺的尾气处理主要有活性炭法、药剂法（分为氧化法和还原法）、燃烧法。目前国内生产的臭氧尾气破坏器多采用高温加热或加热催化法，属于燃烧法一类。

26 **臭氧氧化处理场所的臭氧浓度允许值是多少?**

臭氧是有毒气体，在一个工作日内任何时间，工作场所空气中臭氧最高允许浓度为 $0.3mg/m^3$（《工作场所有害因素职业接触限值　第 1 部分：化学有害因素》GBZ 2.1—2007）。

27 **臭氧氧化工艺的优缺点有哪些?**

优点是：氧化能力强，反应迅速，氧化分解效果显著；尾气处理彻底时无二次污染，制备臭氧只用空气和电能，操作管理方便。

缺点是：投资大；运营费用高。

28 **臭氧催化氧化反应系统的运行方式主要有哪几种？处理效果如何?**

臭氧催化氧化反应系统的运行方式主要有两种：连续式、序批式。

（1）连续式运行方式　是指连续进出水，同时连续通入臭氧进行催化氧化处理的运行方式。

（2）序批式运行方式（也称间歇性运行方式）　是指在同一反

应池内，按时间顺序执行进水、通入臭氧进行催化氧化反应、排水和待机，之后再重复上述工序的运行方式。采用序批式时，每个臭氧催化氧化池都安装废水内循环管路。

序批式运行方式对 COD 的处理效果和处理成本都明显优于连续式运行方式。对比试验结果见表 4-2。

表 4-2　不同运行方式对 COD 的去除情况

运行方式	有效接触时间/min	臭氧投加量/(g/m³)	氧化进水COD/(mg/L)	氧化出水COD/(mg/L)	COD 去除率平均值/%	去除 COD消耗臭氧量/(g/g)
连续式	30	25	78.6 (77.8～79.3)	51.6 (51.0～52.1)	34.4	0.93 (0.92～0.93)
序批式	30	15	77.9 (76.9～78.8)	41.1 (41.7～40.5)	47.2	0.45 (0.44～0.47)

㉙ 臭氧催化氧化反应序批式运行方式的主要特点有哪些?

（1）序批式为复合型流态，不仅同时具有完全混合流态和推流式的优点，还克服了两者的不足，整体体现为处理效果良好。

（2）序批式具有良好的抗冲击负荷能力，主要是由于进水期具有贮存污水和混合的作用、对高峰污染物浓度持续时间的分割作用等因素造成。

（3）序批式具有良好的运行机动性，若水质波动较大，可以通过临时调整不同反应池体的运行参数保证氧化出水达标，充分发挥对水质把关功能。

㉚ 臭氧催化氧化反应序批式臭氧催化氧化反应系统内循环操作的主要作用是什么?

（1）提高水中臭氧的利用率。

（2）保证废水、臭氧和臭氧氧化催化剂的充分混合接触，消除沟流等。

（3）防止臭氧氧化催化剂层被 SS 堵塞。

（4）防止臭氧氧化催化剂被水中污泥等包裹，保证臭氧氧化催化剂活性点充分发挥作用。

（5）减少臭氧氧化催化剂的用量。由于内循环泵仅用于克服管路沿程损失、局部损失及臭氧氧化催化剂层的阻力损失，因此电耗少。

31 采用不同填料时，臭氧氧化工艺的处理效果如何？

在臭氧投加量 40mg/L、臭氧氧化时间 30min 操作条件下，在分别装有石砾（粒径 4～10mm）、火山岩滤料（粒径 3～5mm）、活性炭（粒径 3～5mm，长度 10～15mm）、复合型催化剂（粒径 3～5mm，长度 10～15mm）的臭氧氧化反应器内，开展了臭氧氧化间歇试验，臭氧氧化处理效果从高到低的顺序依次为：复合型催化剂＞活性炭＞火山岩滤料＞石砾。试验结果见表 4-3。

表 4-3 采用不同填料时臭氧氧化效果比较

填料种类	火山岩滤料	石砾	活性炭[①]	复合型催化剂
UV_{254}平均去除率/%	26.0	34.6	51.8	—
COD 平均去除率/%	20.5	21.1	28.4	41.6
进水 COD/(mg/L)	70.8(55.1～92.2)	69.7(58.2～92.2)	72.1(57.7～90.0)	

① 表中活性炭数据为吸附平衡后数据。

32 臭氧催化氧化时，臭氧和污水的流向布置有哪些？

并流，臭氧和污水都是下进上出，简单，但臭氧吸收不好，利用率下降；逆流，臭氧下进上出，污水上进下出，臭氧利用率高，反洗简单。

第四节 微絮凝-砂滤技术

33 什么是微絮凝？

通过絮凝剂的水解和缩聚反应而形成的高聚物的强烈吸附架桥作用使胶体颗粒被吸附黏结的过程，称为絮凝。如果添加的絮凝剂剂量小，不足以迅速形成大矾花，而形成微小的聚集体（即微絮凝体）的絮凝过程，称为微絮凝。微絮凝是絮凝的一种。

34 什么是砂滤？

砂滤是以石英砂作为滤料的水过滤处理工艺过程。常用于经澄清（沉淀）处理后的给水处理或污水经二级处理后的深度处理。根据原水和出水水质要求可具有不同的滤层厚度和过滤速度。主要作用是截留水中的大分子固体颗粒和胶体，砂滤可以有效地降低水中的 SS 和浊度，能够部分去除磷和氮，对碳（BOD 或 COD）的去除能力有限。

35 砂滤的工作原理是什么？

当污水流经石英砂滤层时，水中的 SS 接触到滤料间形成的微小空隙，受到吸附和机械阻留作用被滤料的表面层所截留。这些被截留的 SS 之间又发生重叠和架桥等作用，在滤层的表面形成一层薄膜，继续过滤着水中的 SS，形成所谓滤料表面层的薄膜过滤。这种过滤作用不仅在滤层表面发生，在中间滤层也会发生这种截留作用，称为渗透过滤作用。由于滤料形状不规则，且因重力而彼此紧密排列，构造出弯弯曲曲的孔道。SS 流经这些孔道时，就有着更多的机会以及时间与滤料表面相互碰撞和接触，使水中的 SS 在滤料的颗粒表面与絮凝体相互黏附，从而发生接触混凝过程。砂滤的作用就是通过薄膜过滤、渗透过滤和接触混凝过程实现的。

36 微絮凝-砂滤工艺有几种形式？

微絮凝-砂滤工艺分为微絮凝-直接过滤和微絮凝-接触过滤两种。

（1）微絮凝-直接过滤　是指加入絮凝剂后，在滤前设置适当的絮凝反应池，即将絮凝反应部分在反应池内进行，另一部分移至滤池中进行过滤的过程。微絮凝产生的絮凝物被滤料层吸附截留去除。

（2）微絮凝-接触过滤　是指在原水中加入少量的混凝剂、助凝剂后，立即直接进入滤池，在滤料中形成微小絮凝体，其中一部分被滤料截留，另一部分被滤料吸附，呈现具有微絮凝接触吸附过滤作用。微絮凝-接触过滤的滤池上层滤料空隙甚小，滤料表面有一定的化学特性。

37 微絮凝-砂滤工艺中的滤池有哪些形式？

微絮凝-砂滤工艺的滤池形式可以采用常规的滤池形式，国内常见的有 V 形滤池、连续流砂滤池等。

38 什么是 V 形滤池？

V 形滤池也称均粒滤料滤池，是快滤池的一种，因其进水槽形状呈 V 形而得名。典型结构如图 4-5 所示。

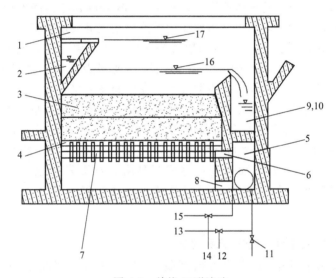

图 4-5 单格 V 形滤池

1—原水入口；2—原水进水（或扫洗）V 形槽；3—滤床；4—滤板和带柄滤头；
5—反冲洗气水进入及滤后水收集槽；6—反冲洗空气分配孔；7—空气层；
8—反冲洗水分配孔；9，10—冲洗排水阀；11—滤后水出水阀；12—反冲洗
进水阀；13—反冲洗水管；14—反冲洗进气阀；15—压缩
空气管；16—反冲洗水位；17—过滤水位

待滤水由进水总渠经进水阀和方孔后，溢过堰口再经侧孔进入

被待滤水淹没的 V 形槽，分别经槽底均匀的配水孔和 V 形槽堰进入滤池，被均质滤料滤层过滤的滤后水经长柄滤头流入底部空间，由方孔汇入气水分配管渠，再经管廊中的水封井、出水堰、清水渠流入清水池。

V 形滤池在工作周期内随着滤料层截留的杂质的不断增加，过滤效率降低，滤后水水质下降，所以要进行反冲洗。反冲洗形式有国内采用较多的水反冲洗和国外较先进的气水反冲洗。

39 采用气水反冲洗 V 形滤池的微絮凝-砂滤典型工艺流程是什么？

正常过滤时，来自二沉池的出水，经提升泵或重力自流到静态混合器，与添加的微絮凝剂混合均匀后，进入 V 形滤池过滤，滤后水达标排放。反冲洗时，反冲洗气水先进入 V 形滤池，然后反冲洗水进入反冲洗水池进行固液分离，上清液返回二沉池继续处理，固体沉淀作为剩余污泥排放。工艺流程如图 4-6 所示。

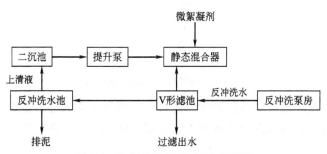

图 4-6　典型微絮凝-砂滤工艺流程

40 什么是连续流砂过滤器（滤池）？

连续流砂过滤技术采用逆流接触过滤原理。内循环连续流砂过滤器的待滤水从进水管进入底部的水分配盘，从过滤器底部向上流动。滤料因自重会缓缓向下流动，这样就形成了污水与滤料的逆流接触。滤后水自顶部溢流堰排出。脏砂下降到过滤器底部时，通过中央的气提器被提升至顶部的洗砂器，气提器的压缩空气向大气释放时会带动气提上来的脏砂剧烈碰撞运动，达到洗砂的目的。洗砂脏水经溢流堰汇集到洗砂脏水管，返回沉淀池处理。洗净的滤料在自重影响下，经弯曲的管路返回过滤器砂床顶部。完成一个过滤-气提-洗砂-回落砂床的完整的砂路循环。内循环连续流砂过滤器如图 4-7 所示。此外，还有外循环连续流砂过滤器如图 4-8 所示。

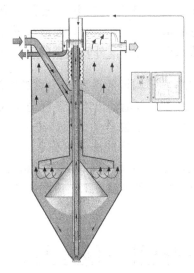

图 4-7　内循环连续流砂过滤器

内循环连续流砂过滤技术还可以采用混凝土滤池的形式，将核心过滤部件置入混凝土池中，组合成过滤阵列，提高处理水量和降低建设成本，如图 4-9 所示。

41 连续流砂过滤滤池有什么优缺点？

连续流砂过滤滤池具有如下优点。

（1）连续运行，出水水质稳定。没有阶段冲洗前后砂层变化带来的水质变化。无需间断反冲洗打断运行，采用不间断清洗技术，脏砂进行原位在线清洗后循环流动使用。

（2）无需复杂的反洗系统，系统中无反冲洗水泵、无反冲洗水池、无自动阀门、无鼓风机、无转动部件、无容易堵塞的底部喷嘴，节能降耗，维修方便。

（3）系统运行费用低。系统水头损失低，维护作业少，维修费

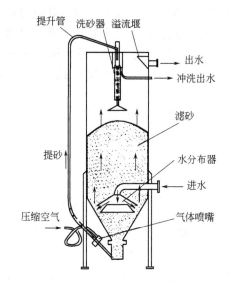

图 4-8 外循环连续流砂过滤器

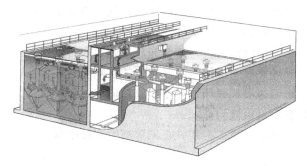

图 4-9 采用内循环连续流砂过滤技术的混凝土滤池

用低廉，能耗低。

（4）采用模块化构建，容易扩能，重建方便，适应性强。

（5）气提器从锥形底部气提脏砂，保证了每粒砂都被清洗到，有效避免了滤料板结问题。在气提上升的过程中脏砂就在搅拌清洗，到洗砂器顶部压缩空气释放时更能剧烈地搅拌清洗滤料，强化了清洗效果。

连续流砂过滤滤池具有如下缺点。

（1）设备高大，通常在 6m 以上。因为采用的深度过滤，有效滤床高度为 2～4m。设备总高度还要算上附属机构及锥形底板，一般要高过 6m。采取这种反洗方式，反洗能力有限，达到一定的反洗效果需要增加高度来实现。采用半地下构筑物可以减弱该缺点。

（2）为保证耐冲击性，采用冗余设计，正常运行时部分能力浪费。

（3）反洗水量理论上较大，反洗水需要回流到沉淀池再处理，提高了沉淀池负荷。

（4）密度大的污染物无法排除，易在滤床底部累积。

42 微絮凝-砂滤对滤料的选择有什么要求？

滤料的选择要满足下列条件。

（1）滤料要有足够的机械强度，要保证滤料不至于在反冲洗时磨损（磨损率＜3%）和破碎。

（2）滤料要有足够的化学稳定性，既不能溶于水，也不能向水中释放其他有害物质。

（3）滤料要价格便宜，货源充足，就地取材最好。

（4）滤料要有一定的级配及适当的孔隙率和粒度。

（5）滤料的形状以球形或基本圆球形为好，具有最大的比表面积，但其表面以粗糙为好。

（6）石英滤料要求耐酸，在碱溶液中有极微量的溶解。

43 常见的滤料有什么性质？

常用的滤料有石英石矿石破碎滤料、河沙和海沙三大类。

石英石矿石破碎滤料的 SiO_2 含量高，含泥量低，粒度组成均匀、合理，流动性好，但是多棱角形状，使用初期容易磨损掉渣。

河沙是天然石在自然状态下，经水的作用力长时间反复冲撞、摩擦产生的，其成分较为复杂，颗粒圆滑，来源广，但是杂质含量多。

海沙的产生与河沙基本一致，但其形成作用力为海水，成分相对稳定，机械强度高，外观圆滑，产量大。虽然海沙因为含盐量高不宜用作建筑用砂，但是却是优秀的水处理滤料。

44 微絮凝-砂滤对进水水质有什么要求？

微絮凝-砂滤技术作为水的深度处理技术，主要去除水中的 SS，要求进水 SS 最高不超过 150mg/L，推荐进水 SS≤100mg/L。

45 微絮凝-砂滤如何选用滤料？

根据进水 SS，确定滤料。当进水 SS≤60mg/L 时，采用0.8～1.2mm 滤料；当进水 SS>60mg/L 时，采用 1.2～2.0mm 滤料。

46 微絮凝-砂滤运行参数如何？

微絮凝-内循环连续流砂滤床有效过滤截面面积为 6m²，高度为 4m，底部锥体高度为 2m。滤速要根据进水水质进行控制，推荐 6～8m/h，最高能达到 10m/h。滤料在滤池内循环流动，下降速度为 5mm/min，每个滤床的滤料将在 2～8h 内完成循环（更新）。

47 微絮凝-砂滤处理效果如何？

微絮凝-砂滤技术主要去除水中的 SS、TP、浊度和非溶解性 COD。微絮凝-砂滤技术一般的 SS 去除率>90％，TP 去除率>90％，浊度去除率>75％，非溶解性 COD 去除率>25％。不考虑进水水质的影响的话，微絮凝-砂滤技术一般能保证 SS<10mg/L。

48 微絮凝-砂滤技术如何实现除磷和脱氮？

除磷是微絮凝-砂滤技术的基础功能之一。通过添加微絮凝剂，促使水中溶解的磷形成矾花，含矾花的废水经过砂滤时被截留，进而在反冲洗（洗砂）时从水中分离出来，通过排泥达到除磷的效果。选用合适的絮凝剂和助凝剂，能有效提高对磷的去除效果。一般采用 PAC 作为微絮凝剂，阳离子 PAM 作为助凝剂。

当滤池中的滤料表面生成生物膜后，在提供足够的微生物生存需要的营养物质时（主要是需要补充碳源，常用甲醇），滤池就具备了脱氮的作用。微絮凝-砂滤技术的脱氮功能，需要调整滤池的工作参数，以适应脱氮需求。通常需要降低滤速，降低运行负荷，或增加滤池数量来实现。

49 微絮凝-砂滤的运行主要消耗有哪些？

微絮凝-连续流砂过滤滤池的主要消耗有投加的微絮凝药剂、气提器消耗的压缩空气。

药剂使用量与进水水质和对出水水质的要求相关，通常投加浓度 PAC 为 20～50mg/L，阳离子 PAM 为 5mg/L。

气提器采用压缩空气作为动力，需要 0.4MPa 的压缩空气不间断鼓入气提器。控制压缩空气的流量为既满足气提的动力要求，又不至于将脏砂吹散。一般为 120～150L/h。

50 微絮凝-内循环连续流砂过滤滤池如何进行检修维修？

微絮凝-内循环连续流砂过滤滤池操作台位于水面上，采用上进水、上出水的方式工作。中心气提器是活动部件，可以从上方操作台取出检修维修。若有杂物掉落滤池内，需要尽早打捞。一旦杂物随流砂进入底部锥体，则可以加大气提器的压缩空气量，靠中心气提管将杂物带到顶部操作台处取出。实在无法通过气提器取出，又影响滤池工作的杂物，就只能停止进水，将本格滤池内的滤料倒到其他地方，人工下池打捞，再恢复滤池运作。在滤池上方采用密封式盖板，能有效阻挡其他杂物进入滤池。

51 流砂过滤器在实际工程中的应用效果如何？

流砂过滤器目前已经广泛应用于实际生产中，在实际应用中过滤器主要去除废水中的悬浮物和浊度，同时去除部分的 COD，运行效果较好，工艺操作简单，易于维护。某单位流砂过滤装置如图 4-10 所示。

52 流砂过滤器在运行过程中存在的问题有哪些？

（1）流砂过滤器中的提砂管一般是 PE、PP 材质的，由于砂的

图 4-10　某单位流砂过滤装置

长期磨损，提砂管通常需要在使用 3～4 年后进行更换。

（2）在使用过程中，由于提砂的气量大，容易造成跑砂现象。

53 微絮凝流砂滤池在工程中的实际应用效果如何？

微絮凝流砂滤池目前一般用在市政污水处理上，主要针对市政污水的提标改造，工业污水也大多是处理小水量，处理 1000t/h 以上水量的污水处理厂为数不多。总的看来，处理效果较好，操作平稳。

54 微絮凝流砂滤池易存在哪些问题？原因是什么？

流砂滤池有时出现跑砂和板结。

（1）跑砂现象　流砂滤池是一种以石英砂为滤料，连续过滤、连续反洗、不间断运行的均匀介质的接触式深层过滤技术。但在实际运行过程中出现反洗排水时常带砂。密度较大的石英砂随反洗排水通过管道直接进入反洗水沉淀池，沉淀后进入污泥贮池，再通过污泥输送泵输送至污泥浓缩池。因原设计没有考虑到部分石英砂会随反洗排水进入沉淀池，污泥输送泵设计只用来输送沉淀池污泥，当硬度较大的石英砂混入沉淀池底后，导致污泥输送泵叶轮、轴、密封受到高强度磨损而无法正常运行，给深度处理装置反洗水处理系统的运行带来了很大的困难。

跑砂原因如下：一是提砂气量过大，气压过高，提砂上升速度过快，提砂量过多；二是洗砂水量过大；三是操作工在抽提防溅罩时操作不精心，清理、抖动防溅罩过程中石英砂进入反洗水中；清理洗砂器后防溅罩没有及时回装。

（2）板结现象 流砂滤池有时会出现提不上砂或 SS 截留效率下降的情况。池内表现为砂粒板结成堆而不流动，污水上升过程形成沟流，砂粒不能形成有效均匀的流动。

板结原因如下：一是废水含油高或含其他黏稠物质，砂粒不能清洗干净；二是流砂滤池不连续运行，提砂管堵塞后不能完成正常的提砂洗砂过程，形成砂堆不流动而整体板结。

55 微絮凝流砂滤池在实际生产运行中的主要影响因素有哪些？

（1）絮凝过滤池投药量 为保证一定的絮凝、过滤效果，在絮凝过滤池设投药系统（一般 PAC 加药）。由于 PAC 具有强烈的电中和脱稳的能力与快速反应动力学及结团絮凝反应特征，在直接过滤中作为单一的混凝剂对于处理水中的有机物是有效的，投药量的多少会直接影响过滤池的处理效果。

（2）砂滤池反洗强度 一是当提砂管的水量较大时，砂滤器运行前几个小时出水水质较好，经过一个滤层的反洗周期后，出水水质恶化，砂层的水头损失逐渐增大，说明过滤吸附层没有得到有效冲洗，这是因为提砂量较小，含污层部分清洗，造成滤层逐渐被含污层代替，随着过滤的进行，最终滤层的过滤吸附作用被破坏，出水水质差；二是当提砂管的水量较小，提升的砂粒较多，滤料在提砂管内清洗效果较差；当砂粒落入洗砂器后，大量拥挤在洗砂器内，洗砂器内的阻力大，水位差不能有效地将悬浮物从洗砂器压出，使反洗出水与滤后水混合，出水水质差。最后通过实际确定砂滤池系统反冲洗气量，一般控制在 100L/min 左右。

（3）滤速 滤速大时上升水流对底层滤料作用大，使底部的水砂比变大，滤料间孔隙提高，一些颗粒容易穿透，导致过滤效果降低。所以在实际生产运行过程中，滤速不宜过大，一般在实际生产中确定砂滤池的滤速控制在 8~10m/h 为宜。

第五节　碱渣废水生物处理技术

56 **碱渣废水的来源与种类有哪些?**

在石油炼制过程中，为去除油品中的硫化物通常采取碱洗工艺，碱洗过程中会产生含有高浓度硫化物和难降解有机物的各种碱渣废水。有催化裂化汽油碱渣、焦化汽油碱渣、液化石油气碱渣、常压柴油碱渣。

57 **碱渣废水适用什么样的处理工艺?**

碱渣因污染物浓度高、含盐量高、呈高碱性，需采用特殊工艺进行相应的点源治理。目前较成熟的技术是采用 LTBR 高效生物反应器生化处理碱渣液，在碱渣液生化处理中植入特效微生物菌群，并持续投加适合特效微生物菌群生长繁殖的营养液（BMM），提高系统对碱渣的处理效率。使生化处理碱渣液的 COD、氨氮、硫化物等出水指标达到工艺要求。

由于碱渣液含盐量较高，LTBR 高效生物处理工艺选用了耐盐菌种，保证菌群在盐度（TDS）50g/L 的高盐环境下运行。当盐度过高时仍会影响菌群自身的生长及处理效率，因此，为控制生物反应器中的盐度（TDS），工艺中需补充一定量的低盐稀释水。一般采用新鲜水作为稀释水源。

LTBR 生物反应器底部设有旋混曝气器，采用罗茨鼓风机鼓风，通过旋混曝气器向反应器中充氧，保证生化过程所需溶解氧。

LTBR 在运行过程中，根据水质的变化，补充少量的 $H_2SO_4/$NaOH，以保证生化过程 pH 值在 $6.5 \sim 8.5$ 之间。需要投加专用的营养液（BMM），以保证生物菌种的高效性。

生化处理碱渣液过程中，由于本身所含有的挥发性有机物（VOC）气体及硫化物的挥发和逸出，同时配套 LTCS 高效废气处理设备，应用有旋流塔盘结构的吸收塔，旋流塔盘结构为逆流接触的废气与吸收剂提供了传质场所，保证了废气的处理效率。

LTBR 高效生物生化反应器采用 ZJK-006 高效吸收剂，主要成分为金属阳离子烯烃络合物，内含氧化剂、催化剂、缓蚀剂等有效成分，使 H_2S 去除率可大于 95％，其他有机物去除率可大于80％。工艺流程如图 4-11 所示。

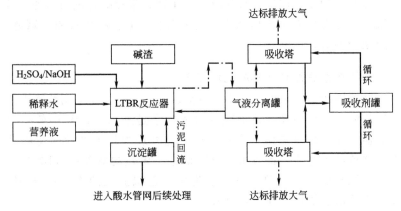

图 4-11 碱渣处理工艺流程

（实线部分为废水处理流程，虚线部分为废气处理流程）

58 碱渣废水处理活性污泥如何培养？

碱渣废水处理活性污泥培养也就是特效微生物菌群的培养，植入特效微生物菌群污泥体积 SV 为 1％，培养方法为 LTBR 生物反应器停止曝气自然沉降 2h 后，抽取上清液 $40m^3$，此时要注意 LTBR 生物反应器 pH、Do 表探头完全浸在水中。每天运行碱渣泵 2~3h，流量为 70L/h，同时运行营养液泵流量为 2L/h，稀释水量为 $0.56m^3/h$，运行硫酸泵，pH 值控制在 6.5~7.5，停碱渣泵，同时停营养液泵、稀释水泵、硫酸泵，24h 曝气，水温控制在 25~30℃。直到 LTBR 生物反应器出水，重复此过程。每天取样观察污泥体积，10~15d 污泥体积上升到 10％。此操作方法污泥体积上升到 25％以后可正常生产运行。

59 碱渣废水处理都控制哪些工艺指标?

（1）LTBR 系统　即碱渣废水生物处理，工艺指标见表 4-4。

表 4-4　LTBR 系统工艺指标

项目		指标
出水指标	COD_{Cr}/(mg/L)	≤1000
	pH 值	6.5～8.5
	硫化物/(mg/L)	≤5
	氨氮/(mg/L)	≤60
主要操作条件	碱渣处理量/(m³/h)	≤0.125
	稀释水量/(m³/h)	≤0.56
	LTBR pH 值	6.5～8.5
	LTBR 水温/℃	25～38
	LTBR 溶解氧/(mg/L)	2～4
	LTBR 污泥浓度/(mg/L)	6000～10000
	LTBR TDS/(g/L)	≤50

（2）LTCS 系统　即碱渣废气生物处理，工艺指标见表 4-5。

表 4-5　LTCS 系统工艺指标

控制项目	排气筒高度/m	排放量/(kg/h)
硫化氢	15	≤0.33
甲硫醇	15	≤0.04
甲硫醚	15	≤0.33
二甲二硫醚	15	≤0.43
臭气浓度	15	≤2000(标准值,无量纲)

60 碱渣废气处理部分为什么要微负压操作?

碱渣处理废气处理系统压力控制在 -0.02～0.02MPa 产生微负压，碱渣液在 LTBR 生物反应器生化处理过程中，产生的硫化氢和含硫的挥发性有机物（VOC）气体逸出，不但会给周围环境带来异味，而且硫化氢等有毒有害气体的挥发和积聚还有可能造成人身伤害。所以出于安全和环保的考虑，碱渣处理废气处理微负压操作，可使废气全部进入废气处理系统。

61 **LTBR 生物反应器处理碱渣废水为什么会产生泡沫？**

（1）LTBR 生物反应器混合液含盐量过高会产生泡沫。

（2）碱渣液含有表面活性物质。

（3）碱渣生化处理过程中，专用营养液添加过多造成混合液中氨氮营养物过剩，造成特效微生物菌群中丝状菌过量生长，会导致菌胶团携带大量空气，从而在水面形成稳定的难以去除的浮渣泡沫。

（4）为使 LTBR 生物反应器混合液特效微生物菌群处于悬浮状态，鼓风曝气时会产生泡沫。

62 **碱渣废水处理 LTBR 生物反应器产生泡沫对生产运行有哪些影响？**

主要是两方面：一个是对废水处理系统的影响；另一个是对废气处理系统的影响。

（1）废水处理系统的影响　产生的泡沫会充满整个反应器空间，泡沫腐蚀性很强，会腐蚀稀释水、碱渣、硫酸、污泥回流管线，影响生化效果；另外，泡沫内含有活性污泥，随出水进入沉淀池，浮在水面上随出水流走，造成污泥流失，影响沉淀效果。

（2）废气处理系统的影响　产生的泡沫会充满整个反应器空间，因废气处理系统是微负压操作，泡沫会随气体进入气液分离罐内，这种泡沫不易破裂，最终还会进入吸收剂罐内，积累到一定程度，使废气吸收系统产生虹吸现象，造成吸收剂流失。

63 **碱渣废水处理 LTBR 生物反应器产生泡沫的处理方法有哪些？**

（1）使用消泡剂 TM-308 或磷酸三丁酯。

（2）使用喷洒水。这是一种最常用的物理方法。通过喷洒水流或水珠以打碎浮在水面的气泡，来减少泡沫。打散的污泥颗粒部分重新恢复沉降性能。

64 **碱渣处理装置废气处理系统腐蚀原因是什么？**

碱渣处理装置 LTBR 生物反应器生化过程中 pH 值控制是用93％的硫酸中和的，产生的硫化氢和含硫的挥发性有机物（VOC）气体中含有少量的酸性气体，就能进入碱渣处理装置废气处理系统，变成酸性水，它的强腐蚀性大大缩短了设备的使用寿命，而且还造成设备管线、阀门泄漏，严重影响废气处理系统运行、周边环境和员工的身心健康。

第六节 污水处理厂的异味控制技术

65 **污水处理过程中异味气体的来源有哪些？**

异味气体的主要来源包括农牧业产生的异味气体、工业产生的异味气体和城市人居生活产生的异味气体。对于污水处理而言，其处理过程中的提升泵站、格栅间、曝气沉砂池、初级沉淀池、生化反应池（曝气池）等处理构筑物和污泥处理过程中的污泥浓缩池、污泥脱水间、污泥贮池等处理构筑物是异味气体的主要来源。其中产生较高浓度恶臭气体的区域主要是初级处理区和污泥处理区。

66 **石化企业污水处理厂异味污染的特点是什么？**

异味气体的浓度一般较低，具有污染源分散、污染面积大、组分杂、难监测的特点。石油化工行业释放的各种恶臭气体是 VOC主要来源之一，主要来源于原料贮罐挥发、生产装置密封点泄漏、污水处理过程各单元散发和溶剂的自然挥发等。石油化工企业生产过程中产生的大量含较高浓度的有机物的污水，一般通过自身独立的污水处理装置进行处理，处理合格后达标排放。但因大部分VOC 不易溶于水，在污水处理过程中，由于气、液两相间的浓度梯度、环境温度和压力的变化等原因，将从污水中逸出进入大气环境，给周边带来一系列安全、环境和健康方面的危害风险。

67 **污水处理过程中异味物质的主要成分是什么？**

目前已知存在的 200 多万种化合物中约有 1/5 都有气味。而其中有 1 万多种是可能导致恶臭的重要物质。污水处理过程的恶臭气体，可按其组成元素分为三大类：含硫化合物（如硫化氢、二硫化碳、硫醇、硫醚等）、含氮化合物（如氨气、三甲胺、腈、吲哚等）、烃类化合物（如酚类、芳香烃等）。

68 污水处理过程中异味污染的主要危害是什么？

根据恶臭气体的组成不同、浓度不同，其中含有的各种物质所具备的毒性危害也各不相同。恶臭物质对人体的呼吸系统、循环系统、消化系统、内分泌系统以及神经系统的危害尤为明显，容易使人出现烦躁不安、易愤怒，判断能力和反应能力降低。恶臭物质浓度极低时就可使人感知，进而产生不快感。人吸入后容易感到头晕、恶心，引发食欲不振、嗅觉迟钝、记忆力减退等不适症状，如果达到一定浓度并长期吸入可造成慢性中毒，其潜在性的影响是难以确定的。有研究表明，恶臭物质带给人体的感应强度（恶臭强度）与对人体的反射强度（恶臭物质浓度）的对数成正比。即使恶臭物质被去除 90%，人的感觉往往认为只去除了一半。人的嗅觉对大部分恶臭物质的灵敏度甚至远远超过了分析仪器的最低检出限。污水处理过程中产生的异常恶臭气体散发到厂区及周边的大气中，不仅使设备、管线等的腐蚀加重，而且对人体健康的危害较大。

69 污水处理过程中异味气体物质的分析测定方法有哪些？

要对恶臭气体进行治理，首先要进行取样和分析测定，合理的气体样品采集过程是保证分析测定结果准确性的前提。目前的分析测定方法有两类：一类是需要有专业资质的嗅辨员通过嗅觉对恶臭气体样品进行包括浓度和强度的感官测定；另一类是需要专门的分析仪器对恶臭气体样品（尤其是其中的单一组分）进行定性、定量分析的方法。

（1）感官测定法　气体样品不需要进行浓缩，可直接收集到采样瓶或采样袋中，嗅辨员通过用鼻子嗅来确定各种恶臭的临界浓度并划分强度级别。臭气浓度区别于一般的"浓度"，它使用无量纲单位，是将恶臭气体样品稀释至嗅阈（有气味可感知），用稀释的倍数来表示。臭气强度是根据恶臭气体样品被感知气味的强弱，分成不同的等级,然后由嗅辨员(小组成员)来测定分级。

(2)仪器分析法 仪器分析法被用于恶臭气体样品的成分和质量浓度的分析。它根据产生恶臭物质的反应生成物的颜色、光及离子化的原理,利用气相色谱、气相色谱-质谱联用、分光光度等方法进行分析。虽然仪器分析法具有可重复、精度高的优点,但由于恶臭气体的成分十分复杂,而且许多组分的浓度很低,样品必须经过浓缩才能达到分析仪器的检测限。

70 污水处理过程中异味治理技术种类有哪些?

过去对于恶臭气体常采用不经处理直接高空排放,通过大气稀释的办法,污染物被稀释后浓度降低,但没有得到实质性处理。目前的治理技术主要包括气体收集和气体处理两部分。气体收集部分可以根据产生源的不同选用多种材质(如钢材或混凝土+防腐、玻璃钢、氟碳纤维膜等),采取多种密闭方法(如设备整体密闭、构筑物加盖等),再经过管道输送至处理部分。气体处理部分是恶臭气体治理技术的核心部分,可分为物理、化学、生物及其组合等多种方法,具体包括物理吸附(吸收)法、化学氧化法、生物处理法等。具体情况见表 4-6。

表 4-6 各种异味治理技术对比

脱臭技术	工艺原理	适用范围	优点	缺点
掩蔽	将强烈的芳香物质与臭气混合,掩蔽臭味,使气味能让人接受	适用于需要暂时消除低浓度恶臭气体的无组织排放源	脱臭速度快,方式灵活	恶臭物质未消除,可引发更为难闻气体
稀释	将臭气收集后高空排放,或用无臭空气稀释,以减少臭味	适用于处理中、低浓度的有组织排放源	投资、运行费用低,工艺设备简单	受气象条件限制,恶臭物质未消除
燃烧	将臭气与燃气混合燃烧	适用于处理高浓度、小气量的可燃性臭气	处理效率高,恶臭物质被彻底消除	处理成本高,有二次污染可能
吸收	利用恶臭物质的溶解特性,通过吸收达到除臭效果	具有特征性的有组织排放源	工艺简单,费用低,运行管理方便	有二次污染可能,需要处理吸收液,成本高

续表

脱臭技术	工艺原理	适用范围	优点	缺点
吸附	利用吸附剂的吸附功能收集恶臭物质	适用于低浓度、少量的恶臭气体	去除效率高	处理成本高
生物滤池	将臭气经过预处理后,穿过滤床,恶臭物质由气相转移至水-微生物混合相,通过滤料上的微生物代谢分解	研究最多,工艺成熟,适用范围广	处理费用低	占地面积大,对疏水性和难生物降解物质的处理还存在较大难度
生物滴滤	原理同上,但滤料多为惰性材料	处理恶臭物质成分相对固定	承受污染负荷大,惰性滤料耐用	需补充营养物质,操作复杂
活性污泥混合	将臭气和泥浆充分接触,再通过微生物降解	适用范围广	处理量大,占地面积小,运行方便	需补充营养物质,设备费用高,操作复杂
活性污泥曝气	将臭气通过曝气通入含活性污泥的混合液中,通过微生物降解	适用范围广,多用于粪便处理厂、污水处理厂	活性污泥经驯化去除率可达99.5%以上	曝气强度受限制
多介质催化氧化	将臭气通入反应器,在多介质催化剂的作用下,恶臭物质被分解	适用于大气量、中高浓度的臭气,对疏水性污染物质有很好的去除率	占地面积小,投资低,运行成本低;管理方便;耐冲击	消耗一定的药剂
低温等离子	使用等离子发生器,将臭气中的污染物质与产生的活性基团发生反应,从而去除	适用于其他方法难以处理的多组分臭气	处理效果好;运行费用低	建设投资较高

71 **什么是异味治理技术的物理吸附法和吸收法？**

物理吸附法采用比表面积大、孔隙数量多,具有较强吸附能力的介质来吸附气体中的恶臭物质。活性炭是应用最为广泛的吸附介质。该处理方法的特点是：处理效率高,可处理多组分的混合气体。但活性炭一旦饱和,或者更换,或者活化,运行成本较高。而吸收法是采用吸收剂（水或者药液）吸收气体中的恶臭物质,恶臭物质仅从气体中转移到吸收剂中。该处理方法的特点是：工艺简单，运行费用较低。但处理效率低，需要对使用后的吸收剂进行处理，一般不宜单独使用。

72 什么是异味治理技术的化学氧化法？

化学氧化法包括强氧化法、催化热氧化法、等离子氧化法等。强氧化法是用氯、臭氧、过氧化氢、高锰酸钾等强氧化剂来使大部分恶臭物质彻底氧化分解。该处理方法的特点是：处理效率较高，氧化剂成本高，可能产生二次污染。催化热氧化法是将恶臭气体与燃料气混合，在使用催化剂的条件下燃烧，达到脱臭的目的。该处理方法的特点是：适用于高浓度的有机气体（若组分复杂则需要多种催化剂联合使用），但是成本较高，可能产生二次污染。等离子氧化法是利用等离子发生装置使空气产生离子化过程，发射高能正、负离子，与恶臭气体分子反应生成 CO_2、H_2O、NO_x、SO_4^{2-}等无味物质，从而达到治理效果。该处理方法的特点是：能耗高，处理成本高。

73 什么是异味治理技术的生物处理法？

生物处理法是利用微生物来降解、去除恶臭物质，具有工艺设备简单、能耗较低、维护方便等优点，该技术已经成为恶臭治理技术的一个重要发展方向。生物处理法的原理是：在一定条件下，利用微生物的生物代谢作用，将恶臭物质氧化分解为无害或少害物质，以达到净化气体的目的。生物处理可以分为三个过程：恶臭物质被载体（固定有微生物）吸附；恶臭物质向微生物表面扩散、被微生物吸附；恶臭物质在微生物体内氧化分解、转化。生物处理过程是将收集到的废气在适宜的（温度、湿度、pH 值、氧气含量和营养等）条件下，通过长满微生物的介质（载体，分为人工或天然生物介质），并由其吸附和吸收恶臭物质，然后由生长在介质中的微生物来氧化降解、转换。介质材料的选择需要考虑是否适合微生物的生长。可作为介质的材料有天然的木屑、干草、贝壳、火山岩和人工合成的有机或无机的材料。目前，人工合成材料的强度、比表面积和匀称度等性能均优于多数天然材料，工程中常常将两种材料组合使用。生物处理法的生化反应过程需要一定的停留时间，存在气压阻力，设备体积庞大，易受污染物浓度及温度的影响，而且该法仅适用于亲水性及易生物降解物质的处理，对疏水性和难生物降解物质的处理还存在一定难度，这些特点在工艺设计中应该予以注意。

74 异味生物治理技术的机理是什么？

异味生物治理技术是模拟大自然中的有机生物降解过程，通过建设某种规格的除臭设施，以适宜的填料为载体，其中包含经过驯化和培养的微生物群落，对导致恶臭气味产生的混合气体（臭气）进行净化脱臭处理的综合技术。生物除臭的主要过程是将微生物（以污泥的形式）固定附着在多孔性（或固定架）填料介质表面，并使混合气体（臭气）在填料床层中进行生物处理，挥发性有机物等污染物被吸附在孔隙表面，并被孔隙中的微生物所耗用，利用微生物的新陈代谢（生命活动）将混合气体（臭气）中的复杂有机物等转变为简单的无机物及细胞物质，最终降解成为 CO_2、H_2O 和中性盐类。目前，一般认为其理论基础是荷兰科学家 Ottengraf 根据传统的气体吸收双膜理论而提出的生物膜理论。

$$污染物 + O_2 \longrightarrow 细胞物质 + CO_2 + H_2O$$

异味生物治理技术原理如图 4-12 所示。

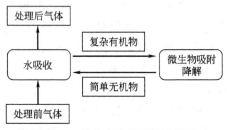

图 4-12 异味生物治理技术原理

75 异味生物治理实施效果的影响因素包括哪些？

异味生物治理实施效果的影响因素包括以下方面。

（1）致臭物质的成分　生物除臭技术对于不同的致臭物质的组成成分具有不同的处理效果。只有采取合理的工艺设计，才能达到良好的处理效果。

由于处理过程是气相中的污染物向液相和生物膜中转移的过程，因此致臭物质的气/水分配系数（即亨利系数）对相间传递有比较大的影响。目前，有一种观点认为，生物除臭技术只适用于处理亨利系数较小的致臭物质。因为对于能够用生物降解的类似的污染物，在同样的操作条件下，亨利系数越大，在液相和生物膜中的浓度就越小，传质的过程成了限制速率的主要因素。另一种观点认为，在生物除臭过程的滴滤和氧化单元中存在着空隙的独立区域，污染物可以直接从气相向生物膜中传递，亨利系数对致臭物质生物降解的影响显著降低。

致臭物质自身的结构特点决定了其是否能被微生物所降解、降解到何种程度以及先后顺序。致臭物质其碳氢化合物组合中所含的非碳、氢、氧原子作为取代基的对其生物降解程度影响较大。例如，甲基芳香化合物比卤代芳香化合物更易被生物降解，含氧脂肪烃比芳香化合物更易被生物降解等。

同时，多种致臭物质一同进行微生物降解时，存在彼此间的竞争和共代谢的特性。竞争主要表现在微生物获取氧气和营养物质的能力上，并且当某些污染物存在时抑制其他污染物的降解。例如，乙酸乙酯类的存在抑制甲苯、对二甲苯的降解。一般而言，易生物降解污染物干扰、抑制难生物降解污染物，亲水性污染物干扰、抑制疏水性污染物。

（2）温度　生物降解是放热过程，产生的热量会使反应区的温度升高，而同时反应区中的水分不断蒸发，使区域温度同时下降，两种作用的结果是反应区本身的温度和湿度变化以及通过该区域的气体的温度和湿度变化达到一个动态平衡。温度对微生物活性影响很大，进而也会影响生物除臭设施的处理效率。其去除率一般随温度升高呈现出按照正弦曲线图形的变化，在 25～35℃ 之间时去除效率最高。

（3）湿度　湿润的环境是微生物群落新陈代谢过程不可缺少的

条件，同时，控制适宜的湿度范围是保证系统稳定达到良好去除效率的重要条件。一般研究认为，较为适宜的湿度控制范围是在45％～60％之间。在生物除臭过程中对填料进行定期加湿是常采用的操作步骤。

（4）pH 值指标　pH 值指标是生物除臭过程的重要影响指标之一，适宜微生物生存的 pH 值指标一般在中性或微碱性范围内（在 7～8 之间），但对于特殊污染物质和对应微生物则可能出现极端的情况。例如，pH 值在 3 左右时对硫化氢的去除效率可以达到最高。

（5）填料　填料是微生物的载体，是微生物生存代谢的基地。一般选取具备比表面积大、易于微生物附着生长、机械强度高、保湿能力强、多孔、长寿命、低成本等优点的材料。按照其组成可分为有机填料和无机填料。如天然泥土、农业堆肥、木屑、硅藻土、活性炭、火山岩、陶粒、聚乙烯塑料等。填料的选择要根据不同的污染物质其自身的特点和对应微生物的群落特点来进行选取。

（6）其他　生物除臭过程中还需要有一定的营养物质，保证处理的气体中一定浓度的氧气含量，监控处理系统的压力降指标等保证系统稳定运动的控制条件。

76 异味生物治理技术在石化行业中的应用情况如何？

生物除臭技术在石化行业中得到了不少的应用。上海石化污水处理厂采用生物滤池除臭技术，臭气处理规模为 $7 \times 10^4 \, \mathrm{m^3/h}$，工程自 2006～2010 年分期实施后，效果十分显著。采用对各敞开式臭源构筑物加罩密封，所有构筑物设引风支管，汇合到引风干管后由高压通风机将臭气吸入生物滤池。滤池内的恶臭气体由上方进入洗涤加湿区，对臭味气体进行洗涤和增湿，经洗涤的气体由洗涤区的底部引入生物滤池区，进一步做生物处理，经生物滤池处理后的气体通过排气管进行低空多点排放。该技术的监测数据表明，硫化氢的去除率达到 89％，氨气的去除率平均为 98％，苯的去除率平均为 99.94％，苯乙烯的去除率平均为 99.88％。中国石油庆阳石化公司也研究应用生物除臭技术，在炼油污水处理厂进行臭气治理，进气污染物中氨、硫醇、苯乙烯、苯、甲苯、二甲苯的进气浓度分别为 $15mg/m^3$、$3mg/m^3$、$10mg/m^3$、$5mg/m^3$、$3mg/m^3$、$3mg/m^3$，臭气浓度为 5000（无量纲）。处理装置氨和硫化氢的进气浓度分别为 $13\sim16mg/m^3$、$36\sim45mg/m^3$；排放浓度为 $0.8\sim1.1mg/m^3$、$0.02\sim0.04mg/m^3$。扬子石化公司也实施了对污水处理厂的恶臭气体收集后增加气体除臭成套设备，使得排放气体浓度达到了国家二级排放标准。有学者研究了生物法净化石化企业污水处理厂恶臭废气的现场小型实验，发现硫化氢、有机硫化物、苯系物的去除率分别大于 97.2%、87.2%、93.7%，在低浓度和高浓度下运行效果均比较稳定，说明耐冲击能力强。由以上可见，生物技术在石化企业恶臭气体处理中得到了一定的应用，虽然效果不尽相同，但说明采用该技术具有一定的合理性。

77 典型的异味生物治理装置工艺流程是什么？

待处理气体经过采集部分收集，再由气体输送系统输送至生物氧化系统，由下部进入生物滴滤罐内，与经过循环喷淋加湿的生物滤料进行充分的接触，废气中的亲水性成分被附着在滴滤介质上的特定微生物群所捕获消化，剩余的则随着滴滤液沉降到滤液槽中，滤液槽中含有大量丰富微生物的液体将对捕捉到的污染物质进行彻底的降解，在此过程中，对于水溶性成分比较简单的醇类、醛类、硫化氢及许多胺类污染物质，得到 99% 以上的降解，经加湿处理后的气体从罐顶经由排出管道进入生物氧化装置。在生物氧化罐中，来自生物滴滤罐、已被加湿但未被处理的气体由输气管道进入生物氧化罐，并与定期喷淋加湿的生物介质球进行充分接触，废气中未被处理的其他成分被特定微生物群所捕获消化，对于有机硫及较大分子量、水溶性差的化合物在此部分进行最大化的降解，此过程要保证足够的停留时间（$20\sim30s$），视气体成分的不同，可去除憎水性污染物质的 80% 以上，处理后的气体由罐顶排出管道，经风机送入排气筒排至大气。异味治理流程如图 4-13 所示。

78 异味生物治理装置驯化过程包括几个阶段？

生物氧化滤球驯化过程具体包括以下 4 个阶段。

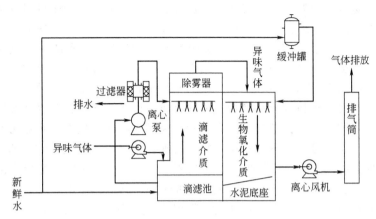

图 4-13 异味治理流程

(1) 第一阶段 考核生物氧化滤球启动运行状态和去除效果的变化趋稳。

(2) 第二阶段 考核去除率和微生物指标的变化情况，少量投加营养盐。

(3) 第三阶段 考核定量投加营养盐后，微生物指标变化，去除率逐渐开始提高。

(4) 第四阶段 考核微生物指标、去除率指标趋于稳定，完成驯化。

79 异味生物治理驯化结束后可达到什么效果？

通过运行及生物氧化驯化，在生物氧化装置中的氧化滤球表面已经形成生物膜，通过这些微生物可以长期、有效地对 VOC、硫化氢、氨气等一些有毒有害气体进行微生物吸收处理，最后转化成相应的盐类，从而达到净化气体的目的。在驯化阶段结束后，提供给微生物的营养足够并繁殖出足够多的微生物后，就可以通过系统自身吸收的污染气体来给微生物提供能量来源，并且循环下去，达到平衡。

80 pH 值对于异味生物治理装置运行的影响有哪些？

生物氧化装置，主要监测滴滤液中 pH 值，pH 值是影响滴滤液中生物氧化微生物的主要参数。pH 值过高或过低，直接影响生物氧化微生物的生存环境，在 pH 值出现异常的情况下，通过投加酸碱（H_2SO_4 或者 NaOH）或调节滴滤池进出水量，达到控制 pH 值的目的。

81 **细菌与真菌个数能够体现出生物除臭装置处于何种运行状态?**

生物氧化装置中细菌与真菌数量的多少，直接反映了生物氧化装置的运行情况。生物氧化系统在正常运行的情况下，细菌个数为 $10^{11} \sim 10^{13}$ 个/mL，真菌个数为 $10^4 \sim 10^6$ 个/mL，在细菌与真菌个数出现异常的情况下，通过监测各营养盐组分来确定菌数异常原因，通过调节营养盐来控制生物氧化细菌与真菌个数。

82 **温度对于异味生物治理装置的影响有哪些?**

温度是生物氧化装置良好运行的重要参数，在日常的操作和装置维护中，经常观察生物氧化腔中滤床的温度，使其尽量维持在最适温度区间（20～35℃）。生物氧化装置在冬季运行和夏季运行中，最适温度会有所偏差，温度过低时，会影响微生物菌群有效酶的活性，使其生物氧化作用降低，温度过高时，会直接使微生物菌群有效酶失活，进而无法进行生物氧化作用。在滤床温度发生变化时，可以通过调节风量或调节加湿水量来调节滤床温度。生物氧化装置驯化过程中，监测温度基本上可以体现出季节变化特征，冬季可以降低到 12°左右，而夏季可能升高到 29°左右。虽然温度有波动，冬季温度较低，但基本上还可以维持微生物的生长。

83 **异味生物治理装置设计和运行中需要考虑哪些问题?**

（1）水系统管线、阀门建议采用全防腐或白钢材质 由于系统内水质偏于酸性，造成排水管线、短接、法兰、阀门多处经常出现漏点，停车检修频繁，影响正常运行，建议采用全防腐或白钢材质，以免带来隐患。

（2）补充水不足的问题 某装置运行中系统排水量达 16.88m³/h，远大于设计排水量 2.4m³/h；补水量达 18.31m³/h，远大于设计补水量 4.5m³/h。建议配备两套水源，即新鲜水和替代水源。

（3）关注 pH 值的变化　气体中硫化氢等酸性气体通过滴滤处理后，溶于滴滤液中，导致滴滤液 pH 值降低，实践证明，通过置换滴滤池中的水，可以改善滴滤池的酸性环境。

第七节　深度处理及污水回用实践

84 为什么要开展深度处理？

全国河流的水质恶化状况不容乐观，被污染河段占 70%～80%，江河湖泊的污染已是我国亟待解决的重大环保问题。目前，已有辽宁、天津、广东、浙江、山东等地方颁布了新的污水排放标准，2008 年 7 月 1 日，辽宁省环保局及辽宁省质量技术监督局联合颁布了新的污水排放标准（DB 21/1627—2008），新标准对许多排放指标进行了不同程度的提升，其中 COD 排放标准提升至国家一级 A 50mg/L。污水排放标准提高已是我国开展生态文明建设的途径之一。而目前污水处理装置中，许多企业难以实现全因子达标排放。特别是炼化企业面临污水处理技术升级，以满足国家与地方不断对外排水水质标准提高的客观需求。主要表现在：水资源短缺和水环境质量安全；"十二五"期间国家和地方外排水标准提高；"十二五"期间国家对污染物总量考核的新规定；企业自身水重复利用、水资源化利用，建设工程进水水质指标提高的要求等。

85 深度处理一般采用哪些技术？

经过二级生化处理的出水，一般存在可生化性差的特点，进一步处理的技术主要有生物法、物理化学法、生物法和物理化学法耦合法。生物法主要包括曝气生物滤池、生物接触氧化等，物理化学法主要包括过滤法（普通过滤法有纤维过滤器，膜法有超滤和微滤）、混凝沉淀法以及活性炭吸附法等，生物法和物理化学法耦合法包括臭氧氧化-曝气生物滤池法、臭氧氧化-生物活性炭法等。

86 什么是曝气生物滤池？其优点是什么？

曝气生物滤池是 20 世纪 90 年代初兴起的污水处理新工艺，已在欧美和日本等发达国家广为流行。该工艺具有去除 SS、COD、BOD、硝化、脱氮、除磷、去除 AOX（有害物质）的作用，其特点是集生物氧化和截留悬浮固体于一体，节省了后续沉淀池（二沉池），其容积负荷、水力负荷大，水力停留时间短，所需基建投资少，出水水质好，运行能耗低，运行费用省。工艺原理主要表现为生物氧化降解过程和过滤过程在曝气生物滤池中是同时发生的。曝气生物滤池具有以下优点。

（1）占地面积小，是活性污泥法的 $1/5 \sim 1/3$。BAF 具有较高的处理负荷，表面负荷（滤速）可达到 $1.5 \sim 2.5 \mathrm{m/h}$，因此占地面积很小，对石化污水处理厂占地紧张的情况尤为适用。

（2）抗冲击负荷。BAF 可在短期（4h）内承受 2 倍于正常负荷而出水水质基本不变。抗冲击负荷的主要机理是生物膜的生物吸附作用。在正常负荷下，微生物时刻处于一种"饥饿"状态，一旦出现冲击负荷，生物膜会过量吸附有机营养物。

（3）自控系统结构简单，可靠性强。BAF 的自动控制主要是实现自动反冲洗和反冲洗后的正常过滤，控制的对象是阀门、水泵、风机，全部为开关控制，采用 PLC 系统（或者 DCS 系统），控制结构简单，易于操作，并可实现人工干预（改变反冲洗周期、方式、时间），可靠性很强，同时具有自动监控滤池运行状况的功能。

（4）运行费用低。生物处理工艺的运行费用主要由曝气风机能耗、提升泵能耗、加药能耗和污泥处理能耗四部分构成。BAF 用于石化废水处理需要的曝气量很低，相应能耗低；滤池水头损失小，水泵扬程小；无需加药；产生的污泥量很少，不需要单独设置沉淀池。反冲洗产生的废水（含污泥）回流到已有处理工艺（例如曝气池）前端，利用已有沉淀池处理。

87 **什么是生物接触氧化工艺？其优缺点有哪些？**

生物接触氧化工艺（biological contact oxidation）又称淹没式生物滤池法、接触曝气法、固着式活性污泥法，其技术实质是在生物反应池内填充填料，已经充氧的污水浸没全部填料，并以一定的流速流经填料。在填料上布满生物膜，污水与生物膜广泛接触，在生物膜上微生物的新陈代谢的作用下，污水中有机污染物得到去除，污水得到净化。

生物接触氧化法池内的生物固体浓度（5～10g/L）高于活性污泥法和生物滤池法，具有较高的容积负荷［可达 2.0～3.0kg $BOD_5/(m^3 \cdot d)$］，占地面积相对较小，抗冲击负荷，可间歇运行，生物种类多，对水量、水质的波动有较强的适应能力，不需要污泥回流，无污泥膨胀问题，运行管理较活性污泥法简单。但存在流程较为复杂，布水、曝气不易均匀，易出现死区，需定期反洗，产水率低的缺点。多应用于生活污水及城市污水处理、食品加工类工业废水处理，小区及楼宇建筑中水回用，微污染饮用水生物预处理。天津城市建设学院张守彬等，采用生物接触氧化技术，以配水模拟污水处理厂二级出水为处理对象，研究工艺的生物降解过程及脱氮效果，并对影响 COD 及 NH_3-N 去除效果的几种因素做了分析。试验结果表明，在水力停留时间（HRT）3h、进水 COD 80mg/L、进水 NH_3-N 15mg/L 的情况下，生物接触氧化技术能有效去除二级出水中的 COD 和 NH_3-N，平均去除率分别为 73.5％和 47.6％。

88 什么是纤维过滤器？其优点有哪些？

高效纤维过滤器是一种结构先进、性能优良的压力式纤维过滤设备，它采用了一种新型的束状软填料——纤维作为过滤器的滤元，其滤料直径可达几十微米甚至几微米，具有比表面积大、过滤阻力小等优点，解决了粒状滤料的过滤精度受滤料粒径限制等问题，是石英砂等颗粒状滤料过滤设备的更新换代产品。

纤维过滤器过滤精度高，水中悬浮物的去除率可接近100％，对细菌、病毒、大分子有机物、胶体、铁等杂质有明显的去除作用。过滤速度快，一般为30m/h，最高可达60m/h，是传统过滤器的3倍以上。截污容量大，一般为10～15kg/m³，是传统过滤器的3倍以上。占地面积小，制取相同的水量，占地面积为传统过滤器的1/3以下。吨水造价低，吨水造价远低于传统过滤器。自耗水量低，仅为周期制水量的1％～3％，可用原水进行反洗。不需要更换滤元，滤元被污染后可方便地进行清洗，恢复过滤性能。纤维过滤器具有运行流速高、截污能力强和出水水质好的优势。

89 什么是超滤和微滤？其优缺点有哪些？

超滤是利用超滤膜的微孔筛分机理，在压力驱动下，将直径在 $0.002\sim0.1\mu m$ 之间的颗粒和杂质截留，去除胶体、蛋白质、微生物和大分子有机物。在压力作用下，原料液中的溶剂和小分子从高压侧透过膜到低压侧，大分子及颗粒组分被截留，形成浓液排出。超滤膜对 COD 的去除率在 53% 以上，对浊度的去除率为 100%，对色度的去除率在 92% 以上，通过对不同操作压力下超滤膜的运行性能的比较，选择 $0.12MPa$ 作为最佳工作压力。

微滤也是利用微滤膜的筛分机理，在压力驱动下，截留直径在 $0.1\sim1\mu m$ 之间的颗粒，如悬浮物、细菌、部分病毒及大尺寸胶体。

超滤和微滤的缺点是膜更换费用较高，技术设备投资很大。

90 什么是活性炭吸附？其特点有哪些？

活性炭是一种经特殊处理的炭，具有无数细小孔隙，比表面积巨大，每克活性炭的表面积为 $500\sim1500m^2$，有很高的物理吸附和化学吸附功能，因此活性炭吸附法被广泛应用在废水处理中，具有效率高、效果好等特点。活性炭的吸附能力与活性炭的孔隙大小和结构有关。一般来说，颗粒越小，孔隙扩散速度越快，活性炭的吸附能力就越强。活性炭的吸附能力与污水浓度有关。在一定的温度下，活性炭的吸附量随被吸附物质平衡浓度的提高而提高。由于活性炭对水的预处理要求高，而且活性炭的价格昂贵，因此在废水处理中，活性炭主要用来去除废水中的微量污染物，以达到深度净化的目的。

91 物化与生物耦合法有哪些方式？

（1）臭氧-生物活性炭法　臭氧-生物活性炭深度处理工艺，是利用臭氧的强氧化性改变大分子有机物的性质和结构，提高水中有机物的可生化性。利用活性炭作为微生物的载体，其优异的吸附性能可使轻度污染废水中的有机物质富集浓缩以达到微生物代谢分解的基质条件，通过附着在活性炭表面上的生物膜的生物降解作用，实现吸附-微生物分解再生-再吸附，从而达到净化水质的目的。

（2）臭氧预氧化-曝气生物滤池联用技术　臭氧预氧化-曝气生物滤池联用技术在20世纪70年代传入我国，并从20世纪80年代开始得到应用。工艺前端利用臭氧预氧化作用，初步氧化分解水中的有机物及其他还原性物质，以降低滤池的有机负荷，并使水中难以生物降解的有机物断链、开环，使它能够被生物降解，增加水中可生物利用的有机营养基质的含量。另外，臭氧曝气过程还能起到充氧作用，使滤池有充足的溶解氧用于生物氧化作用。滤料能够吸附水中的溶解性有机物，同时也能富集水中的微生物。滤料表面吸附的大量有机物也为微生物提供了良好的生存环境。有丰富的溶解氧的环境下微生物以有机物为养料生存和繁殖，同时也使滤料表面得以再生，从而具有继续吸附有机物的能力，即大大延长了滤料的再生周期。

（3）混凝沉淀或微絮凝砂滤＋臭氧催化氧化　混凝沉淀或微絮凝砂滤可将生化反应出水中各种悬浮物较好地去除，且新型的微絮凝砂滤池在增加一定的砂滤层厚度后，在砂中黏附一定量的微生物，可实现污水进一步脱氮功能，可以弥补前面生化反应系统可能存在的氨氮不达标的问题。臭氧催化氧化可以很好地去除生化出水难生化的溶解性COD，且运行成本较低，无污泥产生。本工艺具有流程短、副产物少等优点。

（4）曝气生物滤池（BAF）-臭氧氧化-曝气生物滤池三段组合工艺　对二级生化后的印染废水进行深度处理，进水COD为90～150mg/L，色度为16～32倍，经该工艺处理后的出水COD＜35mg/L，去除率＞75%，色度降到4倍以下。该深度处理系统运行稳定，处理效率高，出水水质达到印染厂洗水工序对水质的要求。

92 污水回用技术一般有哪些？

污水回用技术一般结合深度处理工艺，目前普遍采用双膜系统,即超滤+反渗透。

(1) 超滤工艺 超滤是一种能够将溶液进行净化、分离或者浓缩的膜透过法分离技术,其主要应用于将溶液中的颗粒物、胶体、大分子与溶剂等小分子物质分离,尤其在去除胶体方面较其他技术卓越。

超滤过程通常可理解成与膜孔大小相关的筛分过程。以膜两侧的压力差为驱动力,以超滤膜为过滤介质。在一定的压力下,当水流过膜表面时,只允许水、无机盐及小分子物质透过膜,而阻止水中的悬浮物、胶体、蛋白质和微生物等大分子物质通过,以达到溶液的净化、分离与浓缩的目的。

(2) 反渗透工艺 反渗透是采用膜法分离的水处理技术,其原理是:在压力作用下,透过反渗透膜的水成为纯水,水中的杂质被反渗透膜截留并被带出。利用反渗透技术可以有效地去除水中的溶解盐、胶体、细菌、病毒、细菌内毒素和大部分有机物等杂质。反渗透设备系统除盐率一般为 $95\%\sim99\%$。

93 **举例说明污水处理厂如何设置深度处理与回用技术方案?**

(1) 某企业污水处理预装置出水在 $80mg/L$ 左右,建设深度处理及回用装置后,企业水消耗降低一半。情况如下。

深度处理工艺流程:一级 BAF→臭氧催化氧化→二级 BAF→活性炭过滤器→UF→反渗透。

经前端物化及生化处理的污水通过输送、提升系统进入二级生化处理单元一段 BAF 系统,其出水自流进入臭氧催化氧化池与臭氧化空气在催化剂床层中进行接触反应,氧化出水进入氧化稳定池进行稳定化,脱除水中残留臭氧,防止一些氧化性强的不稳定中间产物影响后生化的效率,稳定池后净化水出水再进入后生化内循环BAF 池进行处理,进一步去除氧化改性后的残留有机物,达到深度处理的目的,通常催化臭氧氧化段的 COD 降解率在 10% 左右,与后生化内循环 BAF 结合后,COD 的总降解率可以达到 $50\%\sim55\%$,出水 COD 可稳定在 $40mg/L$ 以下。

活性炭过滤器出水为内循环 BAF 池和催化氧化池等设施的反

冲洗提供用水，全部反冲洗排出的泥水混合液进入泥水分离池进行泥水分离，后生化 BAF 池出水经活性炭过滤器出水再经提升进入后续回用处理系统。超滤反渗透双膜出水回用于企业生产。

(2) 某污水处理厂于 2002 年建成投产，处理炼油和化工废水，含盐多，电导率在 $2000\mu S/cm$ 以上。设计处理水量 $250m^3/h$，实际水量 $100\sim150m^3/h$。出水 COD 可稳定在 $50mg/L$ 以下。

工艺流程：A/O 出水→混凝沉淀→催化氧化池（陶粒）→稳定池 F→出水。

臭氧催化氧化，停留时间 32min，催化剂高 4m，在水面 0.7m 以下，半年反冲洗一次，采用脉冲式反冲洗。臭氧浓度 $10\sim15mg/L$，反应时间 32min。

(3) 某污水处理厂主要处理炼油和化工废水，设计处理水量 $2300m^3/h$。出水 COD 可稳定在 $50mg/L$ 以下。

工艺流程：均质池→连续砂滤池→高级氧化池→曝气生物滤池→絮凝砂滤池→排放。

高级氧化池有效容积 $5000m^3$（长 39m，宽 24m，高 5.3m）。分两段并列运行。臭氧发生器共三台，单台产量大于 $10kg/h$。尾气破坏器两套，一开一备，采用加热臭氧方式破坏臭氧，加热温度 60℃。

臭氧投加量设计值约 $8.7mg/L$，实际约 $6.3mg/L$。实际处理水量 $1000m^3/h$，氧化时间 40min。

第五章 ▶ 污泥处理技术

❶ 传统污泥焚烧技术指的是什么?

污泥经浓缩和脱水后,含水率在 $60\%\sim80\%$ 之间,如污泥中含有较多的有机成分,污泥可以通过焚烧进行减量及无害化处置。

一般的焚烧装置同污泥的干化是合为一体的。焚烧过程大致可分为以下四个阶段。

(1) 首先将污泥加热到 $80\sim100℃$,使除了内部结合水之外的全部水分蒸发掉。

(2) 继续升温至 $180℃$,进一步蒸发内部结合水。

(3) 再加热到 $300\sim400℃$,干化的污泥分解,析出可燃气体,开始燃烧。

(4) 最终加热到 $800\sim1200℃$,使可燃固体成分完全燃烧。

一般有机污泥的燃烧,应保证燃烧温度在 $815℃$ 左右。为了不造成二次污染,一些有机物的燃烧温度应高于污泥燃烧温度,而且还需对焚烧产生的烟气进行处理,如对烟气高温二次焚烧、除尘、活性炭吸附、用碱液进行湿式洗涤等净化处理方式。

❷ 污泥焚烧主体设备有哪些类型?

污泥焚烧的主体设备形式主要有回转焚烧炉、立式焚烧炉、立式多段焚烧炉及流化床焚烧炉等。

(1) 回转焚烧炉 回转焚烧炉又称回转窑,是一个大圆柱筒体,外围有钢箍,钢箍落在传动轮轴上,由转动轮轴带动炉体旋转。回转焚烧炉可分为逆流回转炉和顺流回转炉两种类型。在污泥焚烧处理中，常用逆流回转炉，如图 5-1 所示。其炉体内壁衬有耐火砖，并设有径向抄板以促使污泥翻动。炉体的进料端比出料端略高，微微向下倾斜若干度，使炉料可沿炉体长度方向由高端移向低端。回转焚烧炉前部 2/3 炉长为干燥带和气化带，后部 1/3 炉长为燃烧带。

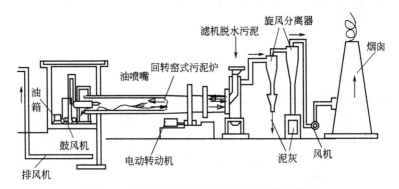

图 5-1　回转窑式污泥焚烧系统的流程和设备

回转焚烧炉投入运转之前，需先用燃料油（气）燃烧预热炉膛，然后投入脱水后的污泥饼。污泥从炉体高端进入，随着炉体转动，污泥从高端缓缓向低端移动，燃烧残渣则从低端排出，而燃料油（气）从低端喷入，所以低端始终具有最高温度，而高端温度较低。

回转焚烧炉的优点是：对污泥数量及性状变化适应性强；炉子结构简单，温度容易控制，可以进行稳定焚烧；污泥与燃气逆流移动，能够充分利用燃烧废气显热。

（2）立式多段焚烧炉　立式多段焚烧炉如图 5-2 所示。它是一个内衬耐火材料的钢制圆筒，一般分成 6～12 层。各层都有旋转齿耙，所有的耙都固定在一根空心轴上，转速为 1r/min。空气由轴的中心鼓入，一方面使轴冷却，另一方面把空气预热到所需的温度。齿耙用耐高温的铬钢制成，泥饼从炉的顶部进入炉内，依靠齿耙的耙动，翻动污泥，并使污泥自上逐层下落。立式多段焚烧炉的顶部二层为干燥层，中部几层为焚烧层，下部几层为缓慢冷却层，主要起冷却并预热空气的作用。

这种炉型热效率高，污泥搅动好，但结构较复杂。

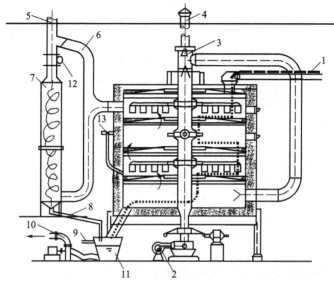

图 5-2 立式多段焚烧炉

1—泥饼；2—冷却空气鼓风机；3—浮动风门；4—废冷却气；

5—清洁气体；6—无水时旁通风道；7—旋风喷射洗涤器；8—灰浆；

9—分离水；10—砂浆；11—灰桶；12—感应鼓风架；13—轻油

（3）流化床焚烧炉　流化床焚烧炉的特点是利用硅砂为热载体，在预热空气的喷射下，形成悬浮状态。泥饼首先经过快速干燥器。干燥器的热源是流化床焚烧炉排出的烟道气。干燥后的泥饼用输送带从焚烧炉顶加入。落到流化床上的泥饼，被流化床灼热的砂层搅拌混合，全部分散气化，产生的气体在流化床的上部焚烧。在焚烧部位，由炉壁沿切线方向高速吹入二次空气，使其与烟气旋流混合。焚烧温度不能太高，否则硅砂会发生熔结（熔化后结块）现象。流化床的流化空气用鼓风机鼓入，焚烧灰与燃烧气一起飞散出去，用一次旋流分离器加以捕集。流化床焚烧炉的工艺流程如图5-3 所示。

流化床焚烧炉的优点是：结构简单，接触高温的金属部件少，故障也少；硅砂污泥接触面积大，热传导效果好；可以连续运行。缺点是：操作较复杂；运行效果不够稳定，动力消耗较大。

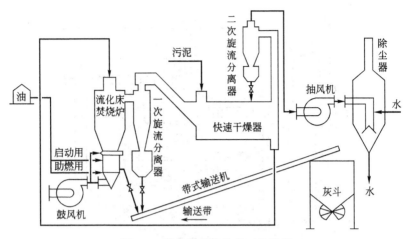

图 5-3 流化床焚烧炉的工艺流程

❸ 传统污泥焚烧方式中如何保障烟气的达标排放?

以上污泥焚烧工艺可以将污泥较为彻底地进行无害化处理。但污泥在加热、蒸发、干燥过程中,会挥发出大量的有害气体,这些气体随烟气流出,其中包括 SO_2、HCl、NH_3 及挥发性有机物,特别是在 400~600℃ 会产生永久性有机污染物二噁英。这些物质具有很大的腐蚀性和危害性,必须再次进行处理。一般工艺采用脱臭炉即二燃室对烟气中的有机物进行高温氧化,称为烟气脱臭或二次燃烧,焚烧炉排出的烟气,从脱臭炉下部风室进入炉内,经过燃烧器喷出燃料高温燃烧,使烟气中有机物再次燃烧,燃烧温度在 800℃ 以上,通过高温氧化,有机烟气成为无害物质。脱臭炉二次焚烧后排烟温度为 800~1000℃,需采用废热锅炉及省煤器对这部分烟气内热量进行回收利用,生产蒸汽供生产(燃料雾化)和生活用汽。这样,实际污泥焚烧工艺大致由污泥焚烧、烟气脱臭、余热回收、烟气除尘 4 部分组成,工艺流程如图 5-4 所示。

❹ 举例说明如何开展污泥焚烧?

以吉化污水处理厂为例,介绍污泥焚烧的工艺如下。

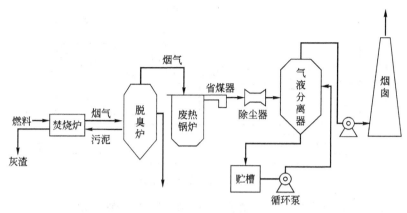

图 5-4 含二燃室的污泥焚烧工艺流程

（1）污泥焚烧工艺组成 吉化污水处理厂污泥焚烧装置于 1984 年 12 月建成投产。该装置设计能力为 3.1t/h，每年可焚烧湿污泥（含水率 80％）22400t，可将污水处理过程所产生的污泥全部焚烧。焚烧后污泥灰渣可燃物小于 1％，重金属微量，可直接做填坑处理。污泥焚烧处理工艺生产工序如下。

生化反应剩余活性污泥经过浓缩、脱水后，泥饼含水率仍为 80％左右。脱水后的污泥，从污泥焚烧回转炉高端经双螺旋给料机送入回转炉内，在回转炉低端喷入火焰并进入空气。

污泥在回转炉内会蒸发、挥发出大量未燃烧的有害气体（有机物等），随烟道气从高端排入脱臭炉并进行第二次焚烧——高温空气氧化。脱臭后的高温（1000℃）烟气系统负压排入废热锅炉进行热量交换，回收热量。产生的蒸汽除供给褐煤造气岗位生产用外，其余全部送入厂内总蒸汽管网。

污泥焚烧后产生的灰渣，从回转炉的低端，经灰渣螺旋输送机连续不断地排出炉外。

本工艺原设计以液态化肥厂丁辛醇残液作为燃料进行污泥焚烧。后改进为用褐煤就近生产煤气作为燃料，向回转炉及脱臭炉提供。工艺流程如图 5-5 所示。

（2）污泥焚烧各部分工作原理 污泥焚烧大致由污泥焚烧、烟

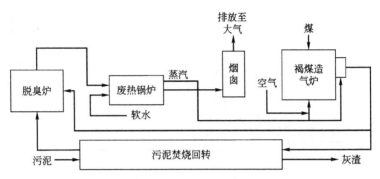

图 5-5 污泥焚烧系统工艺流程

气脱臭、余热回收、烟气除尘四部分组成,现分别介绍如下。

① 污泥焚烧　污泥焚烧主体设备为对流直下卧式回转炉,转炉尺寸为 $\phi2400mm \times 20000mm$,有效直径为 2m,炉体倾斜 2%,转速为 5r/min。污泥焚烧回转炉如图 5-6 所示,燃油和污泥分别从两端进入,进污泥端为炉尾,进燃油端为炉头。燃烧烟气与污泥逆流而行,形成逆流加热、逐步升温的流程。回转炉炉头燃烧火焰长 2m 左右,温度为 600～800℃。根据污泥在炉内的受热过程,转炉内可分为加热、蒸发、干燥、焚烧四段。运行时,由于回转炉倾斜和缓慢回转,污泥通过炉体内的导料板及抄板,沿着炉回转的圆周方向不断翻滚而均匀地轴向移动,污泥经加热、蒸发、干燥、焚烧后,其中的可燃组分(有机物等)大部分被空气中的氧气所氧化,生成相应、稳定、无害的物质。固体部分称为灰渣。

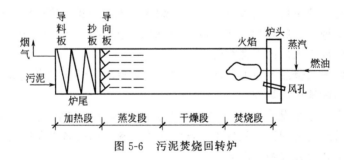

图 5-6 污泥焚烧回转炉

② 烟气脱臭　污泥在加热、蒸发、干燥过程中,也会挥发出

大量的有害气体，这些气体随烟气流出，其中包括 SO_2、HCl、NH_3 及挥发性有机物，这些物质具有很大的腐蚀性和危害性，必须再次进行处理。本工艺采用立式脱臭炉对烟气中的有机物进行高温氧化，称为烟气脱臭，脱臭炉尺寸为 $\phi3600mm \times 14000mm$，经过回转炉排出的烟气，从脱臭炉下部风室进入炉内，经过燃烧器喷出燃料高温燃烧，使烟气中有机物再次燃烧，进行高温氧化，成为无害物质。

③ 余热回收　脱臭炉二次焚烧后排烟温度为 800～1000℃，本工艺采用废热锅炉及省煤器对这部分烟气内热量进行回收利用，生产蒸汽供生产（燃料雾化）和生活用汽。废热锅炉为双鼓式、四烟道、自然循环水管锅炉，其结构特点为蒸发管垂直排列、膜式水冷壁、轻型炉墙结构，防腐性能良好。省煤器为 $2009mm \times 1601mm \times 13245mm$ 内配蛇管换热器的换热装置，总换热面积为 $46m^2$，安装在废热锅炉后，用于回收废热锅炉排出烟气的余热，是锅炉进水的预热装置。

④ 烟气除尘　经过两次焚烧的烟气，里面含有大量粉尘颗粒和一些酸性气体，本工艺采用文丘里除尘器和气液分离器，安装在省煤器后，去除这些有害物质。文丘里除尘器是使烟气经过收缩喉管（扩散角 $\alpha = 22°23'$）时加高压水除尘的（图 5-7）。由于喉管的收缩作用，气体进入后，流速增大，水喷入高速气流中即被雾化，形成大量液滴，依靠惯性作用将尘粒捕集下来。经文丘里除尘器除尘后的烟气进入气液分离器进行气液分离并吸收酸性气体，气液分离器为圆柱形（$\phi2000mm \times 12450mm$）结构，上部设一圈喷淋穿孔管，烟气从底部进入，在中上部与喷淋水相接触，烟气中的液滴、酸性气体遇水被湿润吸附使颗粒增大，从而由气相转入液相，在气液分离器中沉降，从烟气中去除。

（3）焚烧工艺运行控制指标　湿污泥含水率为 80%；焚烧灰渣可燃物小于 1%；回转炉污泥焚烧温度为 600～800℃；回转炉污泥焚烧时间小于 1h；脱臭炉烟气焚烧温度为 800～1000℃；脱臭炉烟气焚烧时间小于 1.5s；烟气经余热回收后温度小于 200℃；除尘后总排烟温度小于 100℃；焚烧空气过剩系数为 2.19；焚烧系统负

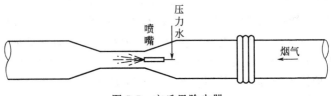

图 5-7 文丘里除尘器

压为 $-3000\sim-2500\text{Pa}$；排烟气粉尘浓度为 $10\sim20\text{mg/m}^3$；排烟气 SO_2 浓度为 $30\sim40\text{mg/m}^3$；排烟气 HCl 浓度小于 50mg/m^3；排烟气 H_2O 浓度小于 7%。

(4) 污泥焚烧系统运行的主要控制环节

① 系统负压的控制与调节　由于焚烧系统工艺路线较长，系统间呈单线密闭连接，且两次焚烧均采用自然进风供氧。为保证系统烟气顺利流通且供氧充足、燃烧彻底，必须保持系统有足够的负压。本系统采用大风量（$Q=57200\text{m}^3/\text{h}$，$P=24.32\text{kPa}$）引风机进行连续引风，可使系统终端负压保持在 2000Pa 以上，首端负压为 $50\sim100\text{Pa}$，脱臭炉负压一般在 400Pa 左右。由于引风机能力一定，系统运行后，负压调整采用两种方式：一种是采用引风机前部风扇活门，可调节引风机引风量，以控制系统烟气流量和燃烧状况；另一种是采用烧嘴处的进风孔面积调节，可控制局部进风量，根据温度需要进行局部调节进风。

② 焚烧质量的控制　焚烧质量包括烟气焚烧质量和污泥焚烧质量，污泥焚烧质量主要控制灰渣可燃物，一般低于 1%，外观呈灰褐色。灰渣可燃物含量过高，焚烧灰渣呈黑色，排入自然界后，其可燃部分可再次污染环境。运行中，可以通过调整燃料用量和回转炉转速来控制其焚烧质量。

本系统烟气处理比较彻底，烟尘、SO_2、HCl 排放浓度是国家十三类物质排放标准的 $1/10$ 左右，且不含有机物，但如果控制不好，也会造成瞬时超标。经脱臭炉焚烧后的烟气，有机物燃烧较彻底，可同时也有一些 SO_2、HCl 等无机酸类气体未能彻底氧化，需在除尘的同时，由水雾截留将其溶于水中排入下水，回收处理。因此，烟气质量的控制，是在控制好烟气焚烧的同时，控制好除尘压力水能稳定、均匀地供给，一般压力水压力高于 0.4MPa，流量不低于 8000L/h，这样才能得到较纯净的烟气。

（5）焚烧运行中易出现的故障

① 结焦 焚烧运行中，生产控制不好，会出现大块焦状灰渣，出炉后不易输送，且焦块中心焚烧不彻底，亦会造成二次污染。形成结焦大致有三种原因：一是火焰较短，炉头局部温度较高，而前段加热、蒸发效果不好，有机物、水分含量都很高，使污泥堆在炉头处高温结焦；二是瞬时负荷过大，污泥进炉时，局部堆积，加热段、蒸发段即已结块，经焚烧后结成焦块；三是炉体转速过低，污泥在炉体内不能分散受热，造成堆积结块，焚烧后结成焦块。为了防止结焦现象发生，运行中，应视负荷状况及时调整转速，并使焚烧火焰处在最佳燃烧状态。

② 烟气质量下降 所谓烟气质量下降，即排烟中 SO_2、HCl、烟尘浓度相对增加并含有有机分，一般有两方面的原因：一种是焚烧温度较低，达不到焚烧效果；另一种是除尘冲洗水压力、流量不足或波动，也可能是气液分离器室穿孔管部分堵塞，控制烟气质量的办法一般是根据分析结果，对相应部位进行检查处理即可。

5 **目前国内污泥焚烧技术的整体情况如何？**

目前对污水处理厂所产生的污泥进行焚烧处理被世界各国认为是污泥处理中的最佳实用技术之一。我国在废物焚烧的研究方面起步较晚，特别是在污水处理厂剩余污泥焚烧这一领域更是缺乏系统的研究。吉化污水处理厂于 1984 年建成污泥焚烧系统后，山东省招远县建成一套规模较小的同类装置。由于焚烧需要消耗大量的能源，而能源价格又不断上涨，焚烧的成本和运行费用均很高。在国内，同类装置很少再进行建设。特别是在现有的焚烧工艺中，烟气的二次燃烧消耗燃料占污泥焚烧的 60% 左右，也就是说，污泥焚烧大部分燃料消耗在烟气处理上了，造成了污泥焚烧成本过高，企业难以承受。目前这种污泥焚烧成本为含水 80% 的湿污泥每焚烧 1t 需花费 1000 元左右。对于一个日处理 50 万吨污水处理厂来说，产生约 500t 的湿污泥，要使其彻底进行焚烧无害化处理，需花费

50 万元。即每吨污水经处理后所产生的污泥需再花费 1000 元进行污泥的无害化处理。否则，污水处理并不彻底，所产生的污泥还要继续污染环境。而当前，国内被普遍公认的污水处理费用为每吨污水处理费 0.8 元，这一价格仅能实现污水处理水质的改善，最多实现污泥脱水，最终的污泥无害化处理并不包含在内，经脱水后的湿污泥即使仅进行简单的填埋，污染并未能彻底消除。可见，污泥的处置问题已是国内污水处理行业需迫切解决的问题。对于无害化最为彻底的污泥处理中焚烧这一技术的研究就显得日益重要。目前国内同行已经进行了这方面探索。

6 举例说明城市污水处理厂污泥焚烧装置如何运行？

某城市污水处理厂设计水量为 $40 \times 10^4 m^3/d$。采用具有除磷脱氮功能的一体化活性污泥法作为污水处理工艺，处理对象为城市污水（含有大量以化工、制药、印染废水为主的工业废水），产生的污泥量为 64t/d，经脱水后含水率为 70%，污泥体积为 213m³/d。

该城市污水处理厂污泥干化焚烧工程由北京某工程有限公司总承包。设计污泥的干化和焚烧，污泥热值高，能源平衡有余。污泥流化床焚烧炉，温度在 800℃ 以上，炉内有砂粒循环使用，外排气体要适当处理。污泥焚烧炉远比垃圾焚烧炉的工艺简单得多，且污泥焚烧不会产生二噁英。

干化工艺是本系统的核心工艺。干化过程在流化床内进行，流化床底部布置蒸汽（油）盘管。空气从床底经过盘管加热后进入床身，热空气一方面使床身中的污泥处于流动化，防止污泥黏结；另一方面也与污泥进行充分换热，蒸发其中的水分，蒸发出来的水分和空气一起被引入洗涤冷却塔内，经喷淋后，水分被去除，余下的干空气则循环使用。经干化后的污泥含水率降为 5%～10%。

经干化系统处理后的污泥贮存在干污泥料仓中，通过输料机送入焚烧炉，在投加污泥的同时，可以投加生石灰（用于脱硫）。投加的干污泥经炉内预置的床砂加热后迅速升温，并开始着火燃烧，经燃烧后的污泥被循环流化床床身内的高速气流带出，通过热旋风分离器，将其中密度较大的未燃尽颗粒收集下来，然后重新送入焚烧炉焚烧，燃尽后的轻小颗粒和高温烟气一起进入后续烟道。烟道内布置余热锅炉、空气预热器用于回收热量。

烟气排出前通过半干法脱硫和布袋除尘器除尘，参照《生活垃圾焚烧污染控制标准》（GB 18485—2001）的排放标准排放。

该系统运行一段时间以后发生了油管破裂现象，影响了装置的稳定运行。

某城市污水处理厂污泥焚烧工艺流程如图 5-8 所示。

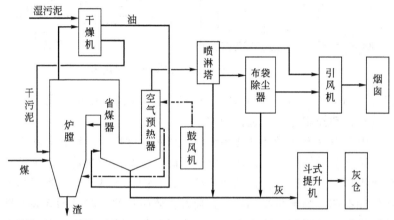

图 5-8 某城市污水处理厂污泥焚烧工艺流程

⑦ 举例说明工业污水处理厂污泥焚烧装置如何运行？

（1）概况 某污水处理厂位于某工业区内，是一座采用国际较先进 PAC-SBR 生化处理工艺，具有污水处理、污泥脱水浓缩、污泥焚烧为一体的日处理规模为 6 万吨的污水处理厂，并且还是上海地区第一座采用 PLC 自动化控制以及污泥焚烧工艺的污水处理厂。污水中含有大量生物难以降解的成分，如含多卤代芳香烃、多硝基芳香烃及其异构体的苯系化合物、重金属等，其生化过程产生的剩余污泥因含有这些物质而带有较大的毒性，根据环保部门的要求必须对剩余污泥进行焚烧处置。原设计工艺流程如图 5-9 所示。

（2）调试过程发现的问题 该厂自 1998 年建厂以来，分别在1999 年、2000 年和 2001 年进行了三次调试和试运行，累积运行时

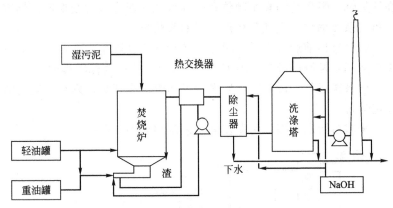

图 5-9 某工业污水处理厂原设计工艺流程

间为 150d。在此期间分别对焚烧炉工艺、设施和设备、测量仪表及电气自动控制等项目进行调试。

由于设计方在设计焚烧系统时,对污泥性质缺乏数据,使现有焚烧系统灰粉值偏小,造成实际运行时,沉淀槽超负荷,喷淋洗涤系统携带大量灰砂运行,加快系统内设备的过流件和管道等设施的磨损和损坏,频繁更换部件,迫使经常停炉检修。喷淋循环泵长期带砂运转,经增压后喷淋水中混有大量灰砂,使风管预热段管壁被灰砂磨损打穿,流化风管大量进水,造成燃烧室进水,流化床塌陷而瘫痪。

（3）对系统存在问题的改进 为降低污泥焚烧的成本,辅助燃料由重油改成大同煤,增加了煤场、粉煤设备、上煤输送机和炉顶进料口安装泥煤混合搅拌机等设备。同时制作一座容量为 20t 轻油罐。废除原煤锅炉,焚烧炉改煤后,在煤的选择上采用低硫（燃煤含硫小于 2%）的大同精煤降低硫的产生,同时增加 NaOH 的投加量,控制烟尘超标排放。

建造一座采用异重流式沉灰池,极大地降低文丘里水泵的磨耗。

中和循环系统改造,主要是 NaOH 计量泵,分成三条管线对文丘里水泵、洗涤塔下部喷淋泵进行加碱,以及对洗涤塔下部喷淋泵进行加碱，以提高 SO_2 去除率。改进后工艺流程如图 5-10 所示。

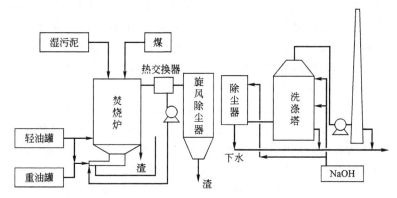

图 5-10　某工业污水处理厂改进后工艺流程

（4）焚烧炉系统改造后遗留问题　因焚烧系统是在原基础上来实现改造，较难完全解决其存在缺陷，只能解决系统运行问题和部分工艺设施问题。尚有以下问题难以解决。

① 在污泥焚烧过程中，产生的热能没有回收利用系统，造成很大的能源浪费。

② 污泥输送采用气垫式橡胶带输送机，该设备运行可靠性较差，自动化程度很低，防腐蚀能力又低，而且运行环境恶劣，腐蚀严重，很难保障设备正常运行。

③ 污泥焚烧尾气未能经过第二次 1200℃ 高温燃烧，对二噁英等有害物质分解有限，对环境和人体的影响仍存在。

8　目前污泥焚烧工艺技术存在哪些缺陷？

（1）目前已建各装置均未经受过长周期稳定运行的检验。运行效果与设计有偏差，且建设时间均较近，还需要进行不断的完善和发展。部分工艺没有选用烟气二次焚烧工艺，而是采用简单的喷淋、碱洗等。这些工艺对去除二氧化硫、粉尘等可以取得较好的效果，但对焚烧过程中产生的有机污染物则不可能有较好的处理效果。这一点在某工业污水处理厂改进后的结论中已经明确指出。这是由于污染物在加热焚烧过程中，在 400℃ 左右时，有机污染物会发生结构性变化，污泥内产生多环芳香烃，挥发气体中含二噁英；这些物质是"三致"永久性有机污染物，必须进行再进一步的彻底分解，否则对环境危害极大。实践中，这些物质经 800℃ 以上高温后均可得到较为彻底的分解。在污泥焚烧工艺中，污泥经焚烧后可实现有机污染物的彻底分解，但烟气则可能存在着分解不彻底的问题。因此，一般要求对烟气进行二次焚烧。

（2）现有污泥焚烧工艺燃料主要消耗在脱臭炉处，约占 60%，主要是烟气无害化温度要求较高，必须达到 800℃ 以上，才能实现其中所含有机烟气的彻底分解，实现无害化的目的。这种烟气无害化的成本过高，从而造成了污泥无害化的成本过高。

（3）目前污泥经浓缩和脱水后，含水率在 60%～80% 之间，许多情况达 80% 以上，较多的含水率大大降低了污泥焚烧的效率。焚烧装置余热利用效率也较低。存在着蒸汽无法有效合理利用的浪费现象，也增加了污泥焚烧的成本。

⑨ 目前国内污泥干化技术的应用如何？

由于污泥经浓缩和脱水后，含水率较高，较多的含水率大大降低了污泥焚烧的效率。对污泥进行二次脱水，最大程度地降低含水率，是减小污泥后续处理能量消耗，降低运行费用的关键步骤，污泥在焚烧前进行干化成为污泥焚烧前的配套技术。

（1）真空干化　污泥干燥系统主要工艺组成有污泥收集系统螺旋式运输器、真空热干燥器、旋风分离器、真空泵、冷凝分液器等。

工艺流程是：首先通过螺旋式运输器将污泥送至真空热干燥器内。在运输器内，由于复叶片旋转时，产生一定挤压力，可以将脱水污泥中的部分水分排挤出干化器。系统来的蒸汽通往真空热干燥器内，将蒸汽中的热能传递给污泥，增大污泥中水分的挥发速度。

由真空泵吸气，使真空热干燥器内部产生一定负压，同时，增大了干燥器内的气体流动性。真空干燥使水的沸点降低，传热温差增大，传热效率提高，水分容易蒸发并被及时排出，均达到相同干燥程度时，真空干燥远比常压干燥所需时间缩短。同时，污泥中的部分废气被吸出，并防止废气扩散出来，污染环境。污泥中的水分随气体被排出。在真空泵前要设置一个旋风分离器。含有微粒粉尘的气体从入口导入旋风分离器的外壳和排气管之间，形成旋转向下的外旋流。悬浮于外旋流的粉尘在离心力的作用下移向器壁，并随外旋流转到除尘器下部，由排尘孔排出。净化后的气体形成上升的内旋流并经过排气管排出。被干化的污泥，排入冷凝分液器内，以待做进一步处理。

污泥干化焚烧流程如图 5-11 所示。

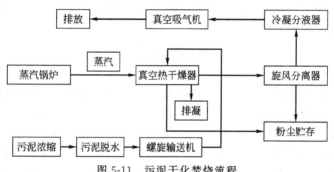

图 5-11 污泥干化焚烧流程

（2）水热改性处理 水热改性是通过将污泥加热，在一定温度和压力下使污泥中的微生物细胞破碎，释放细胞内大分子有机物，同时水解大分子有机物，进而破坏污泥胶体结构，改善脱水性能和厌氧消化性能的一种方法。

污泥中的水分、菌胶团和悬浮固体形成了胶体结构。污泥中的水可以分为自由水和束缚水。自由水和污泥中的固体没有作用力，可以容易地采用机械脱水的方式去除；束缚水是被固体颗粒吸附或被包裹在细胞内部，通过化学键与各种大分子有机物结合的水分。随着水热反应温度和压力的增加，颗粒碰撞概率增大，颗粒间的碰撞导致了胶体结构的破坏，使束缚水和固体颗粒分离。另外，加热使污泥中的蛋白质水解，细胞发生破裂，细胞内的水分被释放。经过水热处理的污泥在不添加絮凝剂的情况下即可机械脱水到含水率在 50% 以下。

该技术需 170℃蒸汽作为热源，并需进行二次脱水。目前已有中试装置，还没有大范围推广。

（3）蒸汽半干化技术　在污泥半干化工艺中（干化后干物质含量小于 50％），蒸汽不与污泥直接接触，干燥物不经回流而被一次性干燥后排出，所排放的废蒸汽不需除尘而可以直接导入尾气冷凝液化站。半干化的干燥机通常与焚烧炉相配合，污泥焚烧产生的热能，基本可以满足为干燥机供热。转盘式干燥机国际上应用较多，北京机电院的浆叶机与其也较为相当。目前国内开始引进技术进行制造，如宁夏石化公司采用日本三菱公司技术。南京天通公司生产的转碟式超圆盘式干燥机，目前国内已有较多应用。

干化尾气处理需要一套完整的工艺，对于石化行业污泥要实现气体排放的达标，还要经过慎重的研究。

（4）电渗透技术　电渗透原理是：物料在与极性水接触的界面上，由于发生电离、离子吸附或溶解等作用，使其表面带有正电，或带有负电。带电颗粒在电场中运动（电泳和电渗透），或带电颗粒运动产生电场（流动电势和沉降电势）统称为动电现象。在电场作用下，带电颗粒在分散介质中作定向移动称为电泳，电泳主要用于蛋白质的分离和悬浊液中颗粒的沉降；在电场作用下，分散相固定，分散介质通过多孔性固体作定向移动称为电渗透，电渗透可以用于物料的脱水，采用电渗透法脱水后，污泥含水率可降低到 60％左右。

（5）蒸汽喷射技术　该技术是针对较难干化的含油污泥进行的干化技术。将含水率 80％的污泥输送至无害化处理装置的高温处理槽中，利用超热蒸汽锅炉的高温蒸汽对泥饼进行高速喷射粉碎，油分和水分被蒸发出来，被粉碎的细小颗粒同蒸汽一起进入旋风分离器，通过旋风分离实现蒸汽与油泥残渣的分离，残渣含油率可降至 1％以下，含水率可降至 5％以下。

该技术需普通锅炉和超热蒸汽锅炉产生 400～500℃的过热蒸汽，配套设备较多，最终仅实现污泥干化并未能实现资源化。该设备较为精细，造价高、效率低、难以稳定操作。

10 **国内外污泥处理技术现状如何？**

除了卫生填埋以外，目前国内外符合环境保护要求的污泥处理
处置方法还有综合利用、污泥干化、污泥焚烧和污泥热解等。欧美
国家多采用焚烧后土地利用的方式处理污泥，但回用前对重金属含
量有严格要求，整个欧盟污泥土地利用的比例为 52%；日本、韩
国等国家多采用污泥热干化、热解、焚烧等工艺对污泥处理后综合
利用。据统计，2008 年日本的污水处理厂产生的 221 万吨干污泥，
约 78%进行了资源化利用。其中，61.2%被制作成建材，14.5%
被制作成肥料或者土质改良剂。国内污泥无害化处理起步较晚，多
采用消化、机械脱水后进行土地利用或卫生填埋。其中，堆肥、土
地利用的比例为 10%，卫生填埋占 20%，焚烧占 6%，仍有 64%
的污泥未得到有效处置，大部分都是外运弃置或简易堆放，严重影
响周边环境。

面对国内污水处理产生的污泥日益增长的现状，污泥处理技术
却相对滞后，而炼化污泥所含成分更加复杂，处理难度更大，对处
理技术、设备及工程技术人员的要求更高，至今仍未能找到安全、
有效、可靠的治理方法。因此，亟须开展炼化污泥减量化、无害
化、资源化处理的试验研究，研发技术先进、运行安全可靠、经济
环保的炼化污泥处理技术，彻底解决国内炼化污泥的处理难题。

11 **目前有哪些新型污泥处理技术？**

（1）焦化处理技术　在 20 世纪 70 年代，国外就有炼厂将含油
污泥和原料油一起送入焦化装置，利用焦化过程的余热使含油污泥
经高温热裂解为焦化产物，固体物被石油焦捕获并沉积在石油焦
上，消除了炼厂含油污泥对环境的污染。20 世纪 90 年代，中国多
家石化企业开展了含油污泥和浮渣焦化处理的技术研究。

油泥经过预处理后除去较大机械杂质，调整含水率，投加催化
剂后，利用传输设备送入已经预热的焦化反应釜（180℃），闭釜加
热进行催化焦化反应，反应温度控制在 490℃左右，反应时间为
60min；焦化反应气通过伴热管线进入三相分离器；三相分离器由
循环水控制降温（温度低于 100℃），分离器上部气相组分送入燃

烧系统回收利用；底部含油污水排入污水处理系统，回收油送入贮罐贮存。

采用焦化工艺处理含油污泥需在送焦化装置前对其进行适当的预处理：首先通过搅拌罐等均质设施调节污泥性质，消除因油泥性质不均匀给焦化装置带来的影响；其次是对油泥进行脱水，降低其含水率；再次是控制好油泥加入量，不能因为掺炼油泥而影响石油焦的品位和焦化分馏塔的正常操作。由于各炼厂的焦化处理能力和生产特点不同，有些企业的含油污泥只能得到部分处理，对于生产高品位石油焦的企业，则不能采用焦化装置处理含油污泥，该技术的应用存在一定的局限性。而且，焦化处理技术要结合炼厂具体工艺，在原有的焦化工艺基础上进行改造，改造工程比较复杂，改造投资较大。

（2）污泥热解炭化技术　该技术在日本、韩国等国家应用较多，是在无氧或欠氧条件下，将污泥加热至 500～600℃，使污泥中的有机物发生分解，转变成三种相态物质的过程。气相为氢气、甲烷、二氧化碳等；液相以常温燃油、水为主；固相为无机矿物质与残炭。一般认为，热解过程中，200～450℃时污泥中脂肪族化合物蒸发，高于 300℃时蛋白质转化，390℃以上时糖类化合物开始转化，主要转化反应是肽键断裂、基团的转移变性及支链断裂。污泥热解产生的油可以回收利用，不凝气中可能含有剧毒物质，需要燃烧净化处理后方可排放，伴随该反应生成的"炭＋无机质灰分"的残渣固态物称为炭化污泥。产生的固形物可以根据其热值不同进行综合利用或填埋。一般情况下，1000kg 的含水率在 80％左右的脱水污泥经炭化处理后生成的污泥炭化物的质量为 50～70kg，$1m^3$ 的脱水污泥经炭化处理后生成污泥炭化物的体积为 0.12～0.13m^3。也就是说，含水率在 80％左右、有机物含量在 80％左右的脱水污泥经炭化处理后将减量至 1/20～1/14。在炭化过程中，脱水污泥中含有的有机物的组成成分氧、氢、氮等大部分以气态的形式发生挥发，干燥固态物中含有的碳元素的 30％～40％及其他无机质成分等（灰分）最终被固定在污泥炭化物中。

根据热解温度的不同，可分为"高温热解炭化"（600～

800℃)、"中温热解炭化"（400～500℃）和"低温热解炭化"
（250～350℃）三种方式；根据加热形式的不同，污泥热解炭化装
置可分为外热式热解炭化装置和内热式热解炭化装置。与焚烧处理
不同，炭化处理可以将污泥中的碳元素最大程度地以固态的形式保
存下来，而不是以二氧化碳的形式排放到大气中。在国外有多项工
程业绩，是较为理想的污泥无害化、资源化处置技术。

（3）电浆热解技术　电浆热解技术是利用碳作电弧炬产生
1500℃以上高温，对污泥进行热解，可产生热解气、玻璃熔渣、还
原金属，产物全部可以回收利用。该技术在美国、欧盟、中国台湾
已有应用。

通过交流，了解到北京某环保公司与美国晋宣公司合作在某石
化公司建设了一套试验装置，由于操作复杂、安全风险大等因素，
该装置并未运行。该技术还有投资高、处理成本高的问题。

12 污泥炭化技术有哪些方式？

污泥炭化有两种方式：一种是火焰与污泥直接接触，污泥缺氧还
原，称为内热式炭化；另一种是污泥在螺旋中前进，外热源加热绝氧
热解，称为外热式炭化。前一种效率较高，投资少。在危险废物处理
中，考虑含有机挥发物、易燃、易爆成分较多，应选取外热源方式。

（1）内热式污泥炭化处理系统的组成　内热式污泥炭化处理系
统由干燥炉、炭化炉、二次燃烧炉等几部分组成。在干燥炉中，通
过回转式干燥炉采用热风干燥的方式将含水率在80％左右的脱水
污泥干燥至含水率在20％以下。经干燥后的污泥经过干燥污泥输
送螺旋输送到炭化炉，在炭化炉中，干燥污泥通过定量输送螺旋输送
到内热回转炉式炭化装置中，在欠氧和500～600℃的温度环境下进行
炭化处理。这种炭化方式在启动时需要柴油等燃烧器进行点火和炭化
装置炉体的辅助升温，当炭化装置的温度升高到炉内的污泥可以自身
发生燃烧后，燃烧器便可停止。伴随着污泥自燃所产生的热量，污泥
在炉体回转的作用下逐渐从炉头移送至炉尾，完成了炭化处理过程。

在二次燃烧和废热回收工程中，在炭化工程中伴随炭化产生的
热分解气体在二次燃烧炉（热分解气体燃烧炉，也称无烟化装置）

中进行燃烧处理。由于炭化热分解气体具有较高热值，在二次燃烧炉中经点火便可维持自燃，并维持二次燃烧炉的温度在800℃以上，并且气体在二次燃烧炉中停留时间在2s以上，因而可以有效地防止二噁英的产生。经二次燃烧炉处理产生的高温气体（800～850℃）导入干燥工程的干燥炉中用于脱水污泥的干燥处理，从而实现了废热的回收。内热式炭化炉系统流程如图5-12所示。

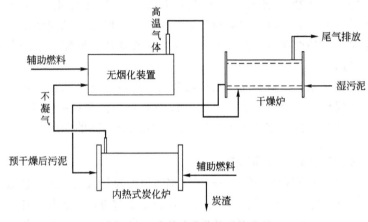

图5-12　内热式炭化炉系统流程

（2）外热式污泥炭化处理系统的组成　与内热式污泥炭化处理系统相同，外热式污泥炭化处理系统也是由干燥炉、炭化炉、二次燃烧炉等几部分组成的。与内热式系统不同的是，污泥干燥与炭化过程中，污泥是在封闭、无氧环境的炉腔内通过螺旋由入口向出口方向传送。外部的热量通过金属炉腔壁传递给原料，因此原料不会与氧气及火焰直接接触，避免了在处理过程中氧气的混入导致的有毒物质的产生。另外，由于在干燥与炭化过程中污泥是通过螺旋传送的，所以不会产生大量的烟尘，排气经二次燃烧炉燃烧处理后基本上无需再进行布袋除尘，只要经水淋式脱臭塔进行脱臭处理后可排出到大气中。在二次燃烧和废热回收工程中，在炭化工程中伴随炭化产生的热分解气体在二次燃烧炉（热分解气体燃烧炉）中进行燃烧处理。由于炭化热分解气体具有较高热值，在二次燃烧炉中经点火便可维持自燃，并维持二次燃烧炉的温度在800℃以上，并且气体在二次燃烧炉中停留时间在 2s 以上，因而可以有效地防止二噁英的产生。经二次燃烧炉处理产生的高温气体（800～850℃）导入干燥炉中用于脱水污泥的干燥处理，从而实现了废热的回收。外热式炭化炉系统流程如图 5-13 所示。

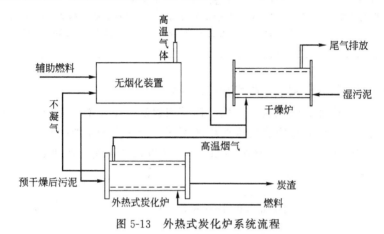

图 5-13　外热式炭化炉系统流程

（3）内热式与外热式炭化处理系统比较　内热式与外热式炭化处理系统的比较见表 5-1。

表 5-1　内热式与外热式炭化处理系统的比较

对比内容	内热式	外热式
设备投资	除了和原料及烟气直接接触的部分外,不使用特殊钢材。处理量越大,单位处理量的设备投资成本越低	设备整体多处需要使用特殊钢材。处理量越大,单位处理量的设备投资成本降低有限
处理成本	炭化热源通过原料自燃获得,使用外部热源少	间接加热,完全需要外部热源
炭化炉	(1)体积与外热式相比较小; (2)设备形式主要为旋转炉	(1)体积与内热式相比相对较大; (2)设备形式有旋转炉与螺旋输送炉
系统整体占地面积	分散布置,占地面积较大	集成度较高,占地面积相对较小

对比内容	内热式	外热式
臭气及烟气对策	(1)采用了二次燃烧处理,无臭气; (2)排气量大的场合,大型的排气处理装置必要;对于水分较高、灰分较高的原料,需要更大的二次燃烧装置	(1)采用了二次燃烧处理,无臭气; (2)排烟的含热量较高,排气量较小,因此排气处理装置较小

13 **举例说明污泥炭化技术如何应用?**

(1)内热式炭化装置实例 以某肉食加工流通中心为例,污泥炭化装置主要处理家禽废水产生的污泥,炭渣作为土壤改良剂。污泥处理规模为12t/d(含水率80%),炭渣处理规模为0.89t/d。内热式炭化装置实例工艺流程如图5-14所示。

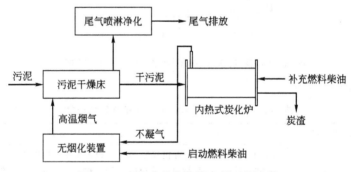

图5-14 内热式炭化装置实例工艺流程

污泥处理工艺流程如下:污水处理厂产生污泥经脱水机处理,含水率降为80%,进入料仓临时贮存,经螺旋输送机送至干燥机进行干燥,再经螺旋输送机送至内热式炭化装置进行热解炭化,炭化装置排出炭渣作为土壤改良剂进行综合利用。炭化装置产生的热解气进入无烟化装置进行处理,燃烧后的尾气温度较高,引入污泥干燥机重新利用后,尾气经冷却后排出厂房。

内热式炭化装置如图5-15所示。

(2)外热式炭化装置实例 以某污水处理厂为例,污水处理厂

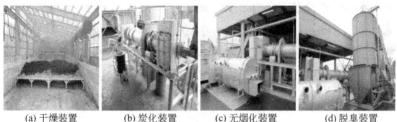

(a) 干燥装置　　(b) 炭化装置　　(c) 无烟化装置　　(d) 脱臭装置

图 5-15　内热式炭化装置

污水设计处理规模为 6000m³/d，污泥设计处理规模为 7t/d（含水率 80%）。主要进水水质（以 BOD 计）为 30～50mg/L，出水水质（以 BOD 计）为 5mg/L。外热式炭化实例工艺流程如图 5-16 所示。

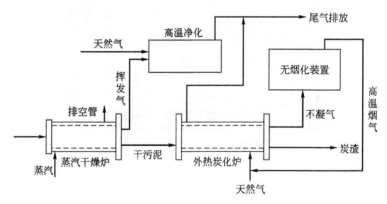

图 5-16　外热式炭化实例工艺流程

污水处理流程：进水→格栅→沉砂池→初沉池→生化池→终沉池→消毒池→回用。

污泥处理工艺流程如下：污水处理厂产生污泥经卧螺式离心机处理，含水率降为 80%，进入料仓临时贮存，经螺旋输送机送至外热式干燥机进行干燥，含水率降至 20%，进入外热式炭化装置进行热解炭化，炭化装置排出炭渣作为土壤改良剂进行综合利用。炭化装置产生的热解气进入无烟化装置进行处理，燃烧后的尾气温度较高，引入污泥炭化装置重新利用后，尾气经冷却后排出厂房。

外热式炭化装置如图 5-17 所示。

图 5-17　外热式炭化装置

第六章　污水处理设备设施

第一节　机械设备

1 格栅可分为哪几类？

格栅是用来去除可能堵塞水泵机组及管道阀门的较粗大悬浮物，并保证后续污水处理设施能正常运行，是由一组（或多组）相平行的金属栅条和框架组成的，倾斜安装在进水的渠道里，或进水泵站集水井的进口处，以拦截污水中粗大的悬浮物及杂质。格栅种类及分类方式很多，总体可分为格栅机和筛网（条）两大类。格栅机适用于较高悬浮物浓度污水，筛网适用于低悬浮物浓度污水。常用的格栅机类型有臂式格栅机、链式格栅机、钢绳式格栅机、回转式格栅机、转鼓式格栅机等。

2 格栅的维护保养注意事项有哪些？

要经常检查拨动支架组件是否灵活，及时排除夹卡异物，检查各部件螺钉是否松动；定时清除格栅所截栅渣；加强汛期巡视，增加除污次数，保证水流畅通；格栅工作时，监视设备的运转情况，发现故障应立即停车检修；格栅前遇到大块杂物及漂浮物，及时清捞，以防损坏机器部件；电动机、减速器及轴承等各加油部位应按规定加注润滑油脂；定期检查电动机、减速器等运转情况，及时更换磨损件；每次机器维护、检修工作完毕后，及时清理格栅机内外卫生，保持干净。

3 格栅应如何选择？安装时要注意哪些事项？

格栅的选择主要考虑如下几点。

(1) 进水水质、过栅流量、格栅安装位置。

(2) 格栅井深度、宽度、过栅流速。

(3) 格栅安装角度及排渣高度。

根据进水水质、水深可以确定格栅的材质、种类。根据过栅流量、过栅流速及安装角度可以计算出格栅的宽度，根据格栅使用位置确定栅条间隙。

格栅施工安装要点如下。

(1) 格栅安装基础应牢固。

(2) 格栅栅条对称中心与导轨的对称中心应符合要求，格栅栅条的纵向面与导轨侧面应平行。

(3) 耙齿与栅条的啮合应无卡阻，间隙应不大于 0.5mm，啮合深度应不小于 35mm。

(4) 栅片运行位置应正确，无卡阻、突跳现象。

4 **刮泥机的工作原理是什么？可分为哪些类？**

刮泥机是一种排泥设备，用于污水处理中直径较大的圆形沉淀池中，排除沉降在池底的污泥和撇除池面的浮渣。刮泥机由驱动装置、工作桥、主刮泥装置、辅助刮泥装置、中心转盘、溢流堰板、集电装置等组成。对于中心进水周边出水沉淀池，一般还需设置导流筒。用于达到最佳沉淀排泥效果，驱动装置带动刮泥机绕沉淀池中心旋转，原水经沉淀池沉淀后，上清液从溢流堰板排出，沉淀于池底的污泥，在对数螺旋曲线形刮板的推动下，缓慢地沿池底流向中央集泥槽内，通过排泥管排出。刮泥机主要有周边传动刮泥机、中心传动浓缩刮泥机。周边传动刮泥机一般有两种机型，即半桥式周边传动结构形式和全桥式周边传动结构形式，多用于大中型辐流式二次沉淀池。周边传动刮泥机是污水处理常用的沉淀池刮泥设备。主梁在周边驱动装置的带动下，以中心旋转支座为轴心沿池顶以约 2.5m/min 线速度行驶，主梁下部连接管路支架、污泥刮集泥斗、吸泥管路等，利用污泥泵间歇性助力及液位差自吸式排泥。排泥系统采用大扁吸口吸泥，可达到边刮边吸的良好效果。同时周边驱动机械采用轴装式减速装置，体积小，结构紧凑，使用寿命长。

周边传动刮泥机是一种吸泥量调节方便、节能效果显著、日常维修保养方便的理想吸泥设备。

中心传动浓缩刮泥机主要由溢流装置、大梁及栏杆、进口管、传动装置、电气箱、稳流筒、主轴、刮集装置、轴承等组成。中心传动浓缩刮泥机一般用于小规模二沉池和污泥浓缩池。

5　刮泥机在北方地区冬季运行中会有哪些问题？如何处理？

（1）对周边传动刮泥机，在液面上由电机驱动刮泥机沿轨道前行。在我国北方地区，冰冻期在 5 个月左右，极端最低气温－40℃。在冬季下雪天气时，刮泥机走轮与轨道上的积雪、积冰接触后打滑，摩擦力减小，常常无法正常运行，致使沉淀池污泥不能正常排出，严重影响下道处理工序，危及出水质量。所以刮泥机在走轮前要安装除雪除冰装置，及时清理积雪、积冰。并且在换季时及时对行走胶轮进行检修或更换。也可以将驱动走轮改为轨道运行方式，这就大大降低了维护保养的频次和资金，但这需要比较大的一次性资金投入。而中心传动浓缩刮泥机电机在中心驱动，主要部件在液面下，刮泥机一般不受温度变化影响。

（2）对周边传动刮泥机，液面上驱动、传动部件较多。会出现铁芯胶轮或刮泥机轨道损坏，稳流筒变形，拉杆碰撞，轴承缺油或磨损，连接部件松动或链条间隙增大后松动形成链轮卡壳振动等设备自身问题。要及时地修复；更换轴承或加注润滑油；及时紧固连接部件；调整链条数量或更换。

而中心传动浓缩刮泥机，由于是液下刮泥机，中心驱动存在着力臂不足的问题，刮泥机受力不均匀后，极易造成电机损坏或刮泥机卡壳停止运行的问题。运行中要及时观察刮泥机运行参数及状态，遇有异常要及时停止运行，对所存在问题及时处理。

6　刮泥机运行中维护保养注意事项有哪些？

（1）刮泥机运转时保持减速机润滑油的油标位置，滚子轴承每月注油一次。

（2）定时检查水上零件连接是否松动。

（3）定时检查传动装置的密封。

（4）定时检查碳刷，要注意碳刷保温，防止挂霜短路。

（5）定时检查水下各零件的腐蚀情况，刮板磨损腐蚀严重时应予以更换。

7 污水处理用鼓风机可分为哪些类？工作原理是什么？

污水处理用鼓风机一般有罗茨鼓风机和离心鼓风机。

罗茨鼓风机为定容积式风机，输送的风量与转速成比例，利用两个叶形转子在气缸内作相对运动来压缩和输送气体。是靠转子轴端的同步齿轮使两转子保持啮合。转子上每一凹入的曲面部分与气缸内壁组成工作容积，在转子回转过程中从吸气口带走气体，当移到排气口附近与排气口相连通的瞬时，因有较高压力的气体回流，这时工作容积中的压力突然升高，然后将气体输送到排气通道。两转子依次交替工作。两转子互不接触，它们之间靠严密控制的间隙实现密封，故排出的气体不受润滑油污染。

离心鼓风机的叶轮旋转时，叶轮中叶片之间的气体也跟着旋转，并在离心力的作用下甩出这些气体，气体流速增大，使气体在流动中把动能转换为静压能，然后随着流体的增压，使静压能又转换为速度能，通过排气口排出气体，而在叶轮中间形成了一定的负压，由于入口呈负压，使外界气体在大气压的作用下立即补入，在叶轮连续旋转作用下不断排出和补入气体，从而达到连续鼓风的目的。离心鼓风机又可分为单极高速离心风机和多级低速离心风机两类。单极高速离心风机体积小、风量大、效率高，易于维护，是较为新型的先进设备。多级低速离心风机叶轮较多，单机体积大，为较传统设备，但其风量参数范围大，易于选择。

罗茨鼓风机属于恒流量风机，工作的主参数是风量，输出的压力随管道和负载的变化而变化，风量变化很小。罗茨鼓风机一般来说风量比较大，压力也比较大，噪声也很大。离心鼓风机属于恒压风机，工作的主参数是风压，输出的风量随管道和负载的变化而变化，风压变化不大。

8 离心鼓风机运行中维护保养注意事项有哪些？

定期检查鼓风机进、排气的压力与温度，冷却用水或油的液位、压力与温度，空气过滤器的压差等。注意进气温度对鼓风机（离心式）运行工况的影响，如排气容积流量、运行负荷与功率、喘振的可能性等，及时调整进口导叶或蝶阀的节流装置，克服进气温度变化对容积流量与运行负荷的影响，使鼓风机安全稳定运行。定期监测机组运行的声音和轴承的振动，如发现异常响声或振动加剧，应立即采取措施，必要时应停车检查，找出原因后，排除故障。严禁离心鼓风机机组在喘振区运行。鼓风机在运行中发生下列情况之一，应立即停车检查：机组突然发生强烈振动或机壳内有摩擦声；任一轴承处冒出烟雾；轴承温度忽然升高超过允许值，采取各种措施仍不能降低；润滑油或冷却水温度变化过大，采取各种措施仍不能解决。

9 搅拌器的工作原理是什么？分为哪些类？

搅拌器是使液体、气体介质强迫对流并均匀混合的器件。搅拌器的类型、尺寸及转速，对搅拌功率在总体流动和湍流脉动之间的分配都有影响。一般来说，涡轮式搅拌器的功率分配对湍流脉动有利，而旋桨式搅拌器对总体流动有利。对于同一类型的搅拌器来说，在功率消耗相同的条件下，大直径、低转速的搅拌器，功率主要消耗于总体流动，有利于宏观混合。小直径、高转速的搅拌器，功率主要消耗于湍流脉动，有利于微观混合。

搅拌器的类型主要有下列几种。旋桨式搅拌器由2～3片推进式螺旋桨叶构成，工作转速较高，叶片外缘的圆周速度一般为5～15m/s。旋桨式搅拌器主要造成轴向液流，产生较大的循环量，适用于搅拌低黏度（<2Pa·s）液体、乳浊液及固体微粒含量低于10%的悬浮液。搅拌器的转轴也可水平或斜向插入槽内，此时液流的循环回路不对称，可增加湍动，防止液面凹陷。涡轮式搅拌器由在水平圆盘上安装2～4片平直的或弯曲的叶片所构成。桨叶的外径、宽度与高度的比例一般为20：5：4，圆周速度一般为3～8m/s。涡轮在旋转时造成高度湍动的径向流动，适用于气体及不互溶液体

的分散和液-液相反应过程。被搅拌液体的黏度一般不超过 25Pa·s。桨式搅拌器有平桨式和斜桨式两种。平桨式搅拌器由两片平直桨叶构成。桨叶直径与高度之比为（4～10）:1，圆周速度为 1.5～3m/s，所产生的径向液流速度较小。斜桨式搅拌器的两叶相反折转 45°或 60°，因而产生轴向液流。桨式搅拌器结构简单，常用于低黏度液体的混合以及固体微粒的溶解和悬浮。锚式搅拌器的桨叶外缘形状与搅拌槽内壁要一致，其间仅有很小间隙，可清除附在槽壁上的黏性反应产物或堆积于槽底的固体物，保持较好的传热效果。桨叶外缘的圆周速度为 0.5～1.5m/s，可用于搅拌黏度高达 200Pa·s 的牛顿型流体和拟塑性流体。螺带式搅拌器的螺带的外径与螺距相等，专门用于搅拌高黏度液体（200～500Pa·s）及拟塑性流体，通常在层流状态下操作。折叶式搅拌器根据不同介质的物理性质、容量、搅拌目的选择相应的搅拌器，对促进化学反应速率、提高生产效率能起到很大的作用。折叶涡轮搅拌器一般适用于气-液相混合的反应，搅拌器转速一般应选择 300r/min 以上。

⑩ 潜水搅拌器如何选型？

潜水搅拌器又称潜水推进器，适用于污水处理厂的工艺流程中推进搅拌含有悬浮物的污水、稀泥浆、工业过程液体等，创建水流，加强搅拌功能，防止污泥沉淀，是污水处理工艺流程中的重要设备。潜水搅拌器分为混合潜水搅拌机和潜水推进搅拌机。潜水搅拌器的选型是一项比较复杂的工作，选型的正确与否直接影响设备的正常使用，作为选型的原则就是要让搅拌器在适合的容积里发挥充分的搅拌功能，一般可用流速来确定。根据污水处理厂不同的工艺要求，搅拌器最佳流速应保证在 0.15～0.3m/s 之间，如果低于 0.15m/s 的流速则达不到推流搅拌效果，超过 0.3m/s 的流速则会影响工艺效果且造成浪费。所以在选型前首先确定搅拌器运用的场所，如污水池、污泥池、生化池；其次是介质的参数，如悬浮物含量、黏度、温度、pH 值；还有水池的形状、水深等。潜水搅拌器所需的配套功率是按容积大小、搅拌液体的密度和搅拌深度而确定的，根据具体情况采用一台或多台搅拌器。

11 潜水搅拌器的维护保养注意事项有哪些？

　　潜水搅拌器在投入运行后要进行定期检查和维护保养。定期检查与维护保养可确保潜水搅拌器的操作更加可靠。定期检查搅拌器的运行情况，是否有泄漏、过载及热保护报警，检查钢丝绳、吊装支架及导轨腐蚀磨损情况；潜水搅拌器在运行两年后要将设备打捞出来，进行检修和维护保养。检查所有螺钉连接件，检查油量与油的状况，检查定子腔中是否有液体出现，检查电缆入口与电缆状况，检查钢丝绳、吊装支架及导轨腐蚀磨损情况，检查电绝缘情况；更换为检查而拆卸的所有 O 形密封圈、轴承、机械密封，更换所有磨损的组件，并更换润滑油。换油应按下列方法进行：将潜水搅拌器放在两根支架上或将其水平吊起，使油室螺塞朝下，在螺塞下方放一个容器用于接油。拧松螺塞（如果注油孔螺钉也已松开，排油将更加容易），放出润滑油，然后用洗涤油清洗油室，再注入适量的润滑油（90 号齿轮油或 20 号机械油），潜水搅拌器此时应保持水平位置。

12 离心泵的结构及工作原理是什么？

　　离心泵的主要过流部件有吸水室、叶轮和压水室。吸水室位于叶轮的进水口前面，起到把液体引向叶轮的作用；压水室主要有螺旋形压水室（蜗壳式）、导叶和空间导叶三种形式；叶轮是泵的最重要的工作元件，是过流部件的"心脏"，叶轮由盖板和中间的叶片组成。离心泵工作前，先将泵内充满液体，然后启动离心泵，叶轮快速转动，叶轮的叶片驱使液体转动，液体转动时依靠惯性向叶轮外缘流去，同时叶轮从吸入室吸进液体，在这一过程中，叶轮中的液体绕流叶片，在绕流运动中液体作用一个升力于叶片，反过来叶片以一个与此升力大小相等、方向相反的力作用于液体，这个力对液体做功，使液体得到能量而流出叶轮，这时液体的动能与压能均增大。离心泵依靠旋转叶轮对液体的作用把原动机的机械能传递给液体。由于离心泵的作用，液体从叶轮进口流向出口的过程中，其速度能和压力能都得到增加，被叶轮排出的液体经过压出室，大部分速度能转换成压力能，然后沿排出管路输送出去，这时，叶轮进口处因液体的排出而形成真空或低压,吸水室中的液体在液面压力(大气压)的作用下,被压入叶轮的进口,于是,旋转着的叶轮就连续不断地吸入和排出液体。

13 **污水处理厂污水泵的运行维护保养注意事项有哪些?**

污水泵在投入运行后要进行定期检查和维护保养。定期检查与维护保养可确保污水泵操作运行更加可靠。定期检查污水泵的运行情况;检查污水泵管路、阀门及结合处有无松动现象;检查轴承箱的润滑油位,观察油位应在油标的中心线处,润滑油应及时更换或补充;经常调整填料压盖,保证填料室内的滴漏情况正常(以成滴漏出为宜);检查轴承温度、电机温度是否正常;检查管路上压力表是否正常;检查泵有无杂音及其他异常现象。污水泵运行到检修周期后要进行解体检修和维护保养:解体检查各部件的磨损腐蚀情况,必要时予以修复或更换;调整各部间隙量;调整测量泵体的水平度、垂直度;设备表面及基础进行防腐刷漆;更换轴承及密封件;更换润滑油。污水泵在寒冬季节使用时,停车后,需将泵体下部放水螺塞拧开将介质放净,防止冻裂。长期停用,需将泵全部拆开,擦干水分,将转动部位及结合处涂以油脂装好。

14 **污水处理厂污水泵选型应注意哪些事项?**

泵选型依据主要应根据工艺流程以及装置流量、扬程、压力、温度、汽蚀流量、吸程等工艺参数,从以下几方面加以考虑:液体输送量、装置扬程、液体性质、管路布置以及操作运转条件等。而且在经济上要综合考虑兼顾到设备费、运转费、维修费和管理费的总成本最低。流量是选泵的重要性能数据之一,它直接关系到整个装置的生产能力和输送能力。选择泵时,以最大流量为依据,兼顾正常流量,在没有最大流量时,通常可取正常流量的 1.1 倍作为最大流量。装置系统所需的扬程是选泵的又一重要性能数据,一般要用放大 5%～10% 余量后扬程来选型。液体性质包括液体介质名称、物理性质、化学性质和其他性质。物理性质有温度、密度、黏度、介质中固体颗粒直径和气体的含量等,这涉及系统的扬程、有效汽蚀余量计算和合适泵的类型。化学性质主要指液体介质的化学腐蚀性和毒性，是选用泵材料和选用哪一种轴封形式的重要依据。装置系统的管路布置条件指的是送液高度、送液距离、送液走向、吸入侧最低液面、排出侧最高液面等一些数据和管道规格及其长度、材料、管件规格、数量等，以便进行系统扬程计算和汽蚀余量的校核；操作条件的内容很多，如液体的操作温度、饱和蒸汽压、吸入侧压力（绝对）、排出侧容器压力、海拔高度、环境温度、操作是间隙的还是连续的、泵的位置是固定的还是可移的。

15 污水处理厂检修维修使用移动泵应注意哪些事项？

污水处理过程中经常涉及倒水、倒泥操作，这些操作多数都是临时性的工作，这将涉及移动泵的使用。移动泵在使用过程中严禁将泵的电缆当作吊线使用，以免发生危险；定期检查电动机相间和相对地间绝缘电阻，不得低于允许值，否则应立即检修，同时检查电泵接地是否牢固可靠；泵停止使用后应放入清水中运转数分钟，防止泵应内留下沉积物，保证泵的清洁；泵应从水中取出，不要长期浸泡在水中，以减少电机定子绕组受潮的机会。当气温很低时，需防止泵壳内冻结。检查电缆有无破损、折断，接线盒电缆线的入口密封是否完好，发现有可能漏电及泄漏的地方及时妥善处理。

16 污水处理厂使用的阀门在运行中维护保养应注意哪些事项？

闸门与阀门的润滑部位以螺杆、减速机构的齿轮及蜗轮蜗杆为主，这些部位应每3个月加注一次润滑脂，以保证转动灵活和防止生锈。有些闸门或阀门的螺杆是裸露的，应每年至少一次将裸露的螺杆清洗干净并涂以新的润滑脂。有些内螺旋式的闸门，其螺杆长期与污水接触，应经常将附着的污物清理干净后涂以防水的润滑脂；在使用电动闸或阀时，应注意手轮是否脱开。如果不注意脱开，在启动电机时一旦保护装置失效，手柄可能高速转动伤害操作者；应将闸门和阀门的开度指示器指针调整到正确的位置，调整时首先关闭闸门或阀门，将指针调零后再逐渐打开；当闸门或阀门完全打开时，指针应刚好指到全开的位置；长期闭合的污水阀门，有时在阀门附近形成一个死区，区内会有泥沙沉积，这些泥沙会对阀门的开合形成阻力。如果开阀的时候发现阻力增大，不要硬开，应反复做开合动作，以促使水将沉积物冲走，在阻力减小后再打开阀门。同时，如发现阀门附近有经常积砂的情况，应时常将阀门开启几分钟，以利于排除积砂；同样对于长期不启闭的闸门与阀门，也应定期运转一两次，以防止锈死或者淤死。

17 螺旋输送机的工作原理是什么？维护保养注意事项有哪些？

螺旋输送机是一种不带挠性牵引机构的连续输送机械，主要由进料口、机壳、螺旋叶片、出料口和驱动装置组成。输送介质进入固定的机壳内时，由于重力及对机壳的摩擦力作用而不随螺旋体一起转动，输送介质只在螺旋叶片的推动下向前移动，从而达到输送的目的。螺旋输送机的优点是结构简单，操作维护方便，可以水平、倾斜甚至垂直输送物料，横断面尺寸小，密封性能好，不会造成二次污染，输送过程中可起到对物料混合搅拌和破碎的作用。螺旋输送机的缺点是功率消耗大，螺旋叶片和机壳的磨损大。螺旋输送机投运前，应首先确认电气设备完好，紧固件和运行部件正常，连接管线牢固可靠，转动部位进行必要的润滑等。螺旋输送机必须空载启动，运转正常后再给料运行。运行过程中给料量要均匀适中，给料过多会导致超载外溢，过少则使效率降低。机器在运行过程中要经常检查机械的运转情况，主要包括电机是否超负荷、轴承温度和温升是否在正常范围内、紧固连接件是否松动等，尤其要注意螺旋叶片不能与机壳碰撞、摩擦。如果发现异常振动或听到异常声响，应立即停机进行检查。同时，要经常检查和清理机器外壳及其他部件积聚或缠绕之物。

18 输送污泥的皮带输送机运行维护过程中要注意哪些事项？

输送带是皮带输送机的主要组成部件。为了延长输送带寿命，保证输送机安全可靠地运行，必须加强输送带的经常维护，杜绝输送带损伤的不利因素。还要及时做好输送带的清扫工作。在运行中由于输送介质的物理性能和化学性能不一，输送带工作面经常粘物料。如果不及时清除，物料积在辊筒上被输送带压实而"起包"，会导致输送带、布层与橡胶剥离而损坏，也会导致输送带跑偏并使输送带侧边磨损严重，撒料后还会造成两段输送带接合部因物料堆积而使尾部辊筒堵转，拉断输送带或损坏驱动设备等，缩短输送带的运行寿命。为避免输送带大量粘料，要定期清除安装在输送机尾部刮板上的积料，调整刮板与输送带接触均匀，无缝隙，压力适中。

皮带输送机在运行时都不可避免地存在程度不同的跑偏现象。为了解决跑偏问题，除了在安装、检修、运行中调整外，还需装设一定数量的自动调心托辊（图 6-1）。当输送带偏离中心线时，调心托辊在载荷的作用下沿中轴线产生转动，使输送带回到中心位置。调心托辊的特征在于，其具有极强的防止输送带损伤和跑偏的能力。对于较长的输送机来说，必须设置调心托辊。输送带跑偏会使输送带特别是输送带侧边磨损严重，磨损面易受到其他物质的侵蚀而扩大损害面。为此应加装调偏器（图 6-2），自动校正输送带的偏斜。

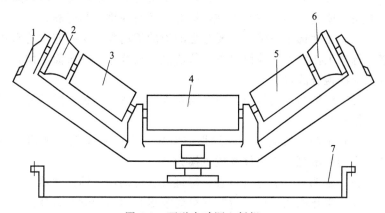

图 6-1　可逆自动调心托辊

1—支架；2—左曲线盘；3—左托辊；4—中托辊；
5—右托辊；6—右曲线盘；7—槽钢梁

采取了上述保护措施后，可延长输送带寿命，减少维修工作量，节省材料和保证设备的安全。运行中应定期认真检查这些部件

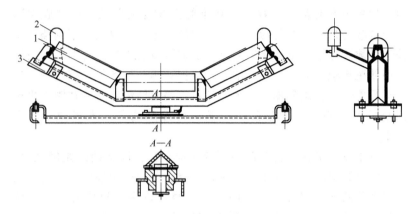

图 6-2　单向自动调偏器
1—左托辊；2—左挡辊；3—支架

的工作状况。

⑲ 带式污泥脱水机运行中维护保养注意事项有哪些？

为保证压滤机的正常运行，延长使用寿命，正确地使用和操作是至关重要的。同时应经常进行检查，及时地维护与保养。

（1）正确选用滤带，既要考虑滤液的澄清度，又要兼顾滤水效率。每次工作结束或检修停车必须清洗一次滤布，使布面不留有残渣。定期检查滤带。

（2）定期检查刮板与滤带的结合面，并清除刮板上的污泥，以免工作时漏泥跑料。

（3）定期对机器进行绝缘性能测定。电气控制系统如出现故障，先切断电源，停机修复或更换元件。

（4）定期对气路进行检查，清理气水分离器及油过滤器。

（5）工作结束后应及时并尽可能放尽管道内的剩余料液。

（6）保持机器和周围环境的洁净，及时清除机器上残留的滤液、滤饼。张紧气缸的活塞杆定时涂抹润滑油脂。

⑳ 带式污泥脱水机运行中滤带跑偏是什么原因？怎么处理？

带式压滤机在工作过程中，由于进料的不均匀性，会引起滤带受力不均匀，从而导致滤带运行中跑偏，因此带式机必须要考虑滤带自动纠偏问题。带式机在上、下滤带上各设一组调偏感应器，由感应器控制调偏气缸往复运动，带动调偏辊前后移动，从而达到自动纠偏的目的。带式机运行中滤带出现跑偏的现象，一是调偏辊失效，可能的原因是气路有漏气、气动元件堵塞，导致调偏感应器失效，调偏辊不能正常工作；二是调偏辊机械故障，轴承损坏。处理方法是：气路漏气一般发生在线路接口及阀门处，气路堵塞则发生在气动元件内。气路接口运行时间太长，易产生老化及松动问题；由于腐蚀结垢及内部密封圈的磨损，随着气动元件运行时间的延长，气孔易被堵塞或漏气。这就要求对气路及气动元件经常进行检查维修、更换工作，才能保证系统正常运行。滤带损坏或辊筒之间相对位置不平衡，处理方法是：更换滤带或调整辊筒。

21 离心机运行中振动大是什么原因？怎么处理？

首先当离心机进料杂物多或包含大块物料时，会导致离心机内转鼓四个布料口的物料分配不均匀，破坏了转子的动平衡，产生强烈振动，甚至将进料管堵死，造成离心机联锁停车。其次地脚螺栓松动、减振垫损坏也是离心机振动增大的原因。

要确保离心机转动的动平衡精度，消除振动，实现连续稳定运行。在污泥进入离心机前加装格栅和过滤器将污泥中的大块杂物截留分离出来，从而使离心机转子内壁物料分布均匀，消除振动，保证离心机转动的动平衡精度。

22 离心机运行中滤液澄清度差是什么原因？怎么处理？

离心机主转速直接决定了污泥在离心机内部受到的离心力大小，决定了污泥的沉降速度和处理量，主转速上升能够提高污泥的分离速度，获得更为清澈的滤液，分离后污泥含水率低。根据斯托克斯定律，可得出以下公式：

$$v_g = \frac{d^2(\rho_p - \rho_1)g}{18\eta}$$

式中，v_g 为重力沉降速度，m/s；d 为固体粒子直径，m；ρ_p

为固体粒子密度，kg/m³；ρ_1 为液相密度，kg/m³；η 为液相黏度，kg/(m·s)；g 为重力加速度，9.81m/s²。

可以得出离心沉降公式：

$$v_c = \frac{d^2(\rho_p - \rho_1)r\omega^2}{18\eta}$$

式中，v_c 为离心沉降速度，m/s；r 为离心半径，m；ω 为角速度，s⁻¹。

由上式可知，只有离心机的转鼓半径 r 和角速度 ω 达到一定的值，在离心机有限的空间内，尽可能短的时间里，方可获得令人满意的沉降效果，所以希望得到更好的污泥处理效果，提高离心机的主转速是必然的。

离心机差转速的大小，决定了离心机的处理能力和泥饼干度。提高差转速，排渣迅速，处理能力增加，但污泥含水率高，并减轻了螺旋对上清液的影响，可得到较清澈的滤液；降低差转速，泥饼干度增加，单螺旋扭矩大，处理能力降低，并加大了螺旋对上清液的影响，泥饼向上清液的渗透面加大，污泥含水率小，滤液比较浑浊。所以在满足最大处理能力和最佳处理效果这一对矛盾中，要找到最佳差转速值，这个数值可以根据实际情况进行上下调整，结合污泥流量和泥饼干度、上清液状况来确定。

㉓ 如何进行污水处理设备的维护保养与安全管理？

污水处理设备种类繁多，而且非标设备多，并且结构复杂，要想取得良好的污水处理效果，就必须使各类设备处于良好的工作状态和保持应有的技术性能。为达到良好的污水处理效果，保障设备的安全运行是实现其正常运行的关键，正确操作、维护保养和维修设备是实现污水处理安全稳定运行的重要手段。设备长期使用必然造成局部零部件的磨损、腐蚀或变形，从而导致安全性能下降，甚至发生设备事故，这就会影响设备的性能、效率和安全生产。设备维护保养要建立相应制度，定期对设备进行检查、润滑、调整，防止设备早期损坏，避免运行时发生故障。设备检修主要采用的是计划检修和故障事后检修相结合的修理原则。计划检修是设备预防检修的一个手段，它根据设备的实际技术状况，采取积极的技术措施，防止设备事故和突发故障，保证和延长设备的使用寿命，使设备始终处于完好状态。设备的维护保养和计划检修并重，以预防为主，坚持专业检修和工人日常维护保养相结合的原则。操作人员是设备的使用者，他们最熟悉设备的性能和技术状况；而专业修理人员具有专门知识和检修手段等优势，所以设备维修要以专业为主，专群结合。

设备使用的安全管理在整个设备的安全管理中是非常重要的一环。设备使用的安全管理要建立各种设备安全管理制度，包括建立设备维护保养制度、安全巡回检查制度、交接班制度、岗位安全责任制、设备安全操作规程等。安全巡回检查制度要求机械设备开机之前检查紧固件是否有松动，防护装置是否完好。安全巡回检查制度应制定重点检查部位、重点项目、检查周期及巡回检查时必须注意的安全事项。通过检查可以全面掌握设备的技术状况，及时排查和消除设备安全隐患。根据检查中发现的问题及时加以整改，确保设备运行的安全。编制设备安全操作规程要依据国家有关法律、法规、行业技术规程以及设备使用操作说明书。要定期进行操作人员和管理人员的安全培训，主要培训内容包括：各种设备安全管理的规章制度，岗位使用设备的原理、安全性能、技术规范，设备的操作方法、安全操作规程，设备日常维护保养知识，设备异常情况的安全处理等。

24　潜水排污泵的运行维护保养注意事项有哪些?

（1）泵启动前检查叶轮是否转动灵活，油室内是否有油，通电后旋转方向应正确。

（2）检查电缆有无破损、折断，接线盒电缆线的入口密封是否完好，发现有可能漏电及泄漏的地方及时妥善处理。

（3）严禁将泵的电缆当作吊线使用，以免发生危险。

（4）定期检查电动机相间和相对地间绝缘电阻，不得低于允许值，否则应立即检修，同时检查电泵接地是否牢固可靠。

（5）泵停止使用后应放入清水中运转数分钟，防止泵内留下沉积物，保证泵的清洁。

（6）泵从水中取出，不要长期浸泡在水中，以减少电机定子绕组受潮的机会。当气温很低时，需防止泵壳内冻结。

第二节 电气设备

㉕ 污水处理厂电源组成形式是什么？

为了保证污水处理厂连续、可靠地运行，一般由两个独立的电源进行供电，而且须做到在电力线路出现故障时不中断供电。电源为一用一备（也可两路电源分列运行），每路电源均能承担全厂全部负荷，如果对工厂可靠性要求更高，可加装柴油发电机组作为安保备用电源。

㉖ 污水处理厂电源系统是怎样分布的？

由于污水处理厂由几个装置及许多泵站组成且分布分散，电源系统采用按工艺上游装置单元的分散式和按工艺下游装置区的集中供电方式，分散式电源系统包括中和处理装置电源系统、预处理装置电源系统、各泵站电源系统，集中供电电源系统是总降压电源系统。

㉗ 污水处理厂有哪些变电所？ 常用的接线及运行方式有哪些？

总降压变电所（66kV），采用双电源进户、双母线接线，分列运行的方式，可靠性高；区域变电所包括中和装置变电所（10kV）、预处理装置变电所、各泵站（1# ～6#）变电所（配电室），一般采用双回路（一般为单电源两个进线）、双母线接线，分列运行的方式，可靠性比较高。

㉘ 污水处理厂变电所运行方式有哪些特点？

通常采取的运行方式为两路电源分列运行。此种运行方式优点是：负荷平均分布，避免当一路电源故障时发生全部停电的危险。缺点是：当总电源不允许并联的情况下，切换变压器负荷时需要将两段中的一段停电，倒闸操作时工艺设备有短时停电的过程。

29 污水处理厂现场回路规格一般要求是什么？

对于工厂重点设备均采取一机一闸制，对于高压鼓风机设备采取高压真空断路器进行分断，额定电流为1250A；进水提升泵电机采取低压塑壳式断路器，额定电流为320A；生化处理装置提升电机同样采取低压塑壳式断路器，额定电流为630A。

30 总降压变电所的开关柜（控制柜）组成是什么？

总降压变电所的66kV系统采用的是在独立间隔中设置SF6断路器、互感器、避雷器等高压设备的敞开方式，没有采用集中放在开关柜的封闭方式；6kV系统采用的是金属铠装封闭式的开关柜，具有"五防"功能，安全性比较高。总降压变电所的控制柜采用封闭的方式。

31 区域变电所（10kV、6kV）的开关柜组成是什么？

采取主流的金属铠装配电柜且具有"五防"功能，由主受柜、计量柜、馈出柜组成。如果是两路电源供电，还应该具有母联柜。在高压开关柜内设置相应的微机型继电保护装置，完成主设备的各种保护功能；同时具有电参数监测、断路器监测及通信功能，与全厂PLC控制系统组网，以满足无人值守和综合自动化的需要。

32 开关柜与电力拖动设备的保护类型有哪几种？

（1）10kV电源进线设置定时限速断及过电流保护。

（2）配电变压器设反时限速断、过电流、过负荷及温度保护。

（3）母联设有时限的速断与过电流保护。

（4）低压控制柜总进线断路器设短路速断、延时速断及长延时过电流三段保护。电动机保护回路设短路、过电流及过载等保护。潜水电动机内设有电机温度、腔内温度、密封泄漏保护。配电回路设短路及过电流保护。

33 污水处理厂变压器日常维护检查内容有哪些？

检查变压器油枕内和充油套管内的油色（如充油套管构造适于

检查时），油面的高度和有无漏油；检查变压器套管是否清洁，有无破裂纹、放电痕迹及其他现象；检查变压器嗡嗡声的性质，音响是否加大，有无新的音调发生等；检查冷却装置的运行是否正常；检查电缆和母线连接有无异常现象；检查变压器的油温；检查防爆筒的隔膜是否完整；检查瓦斯继电器的油面和连接油门是否打开；变压器是装在室内，则应检查门、窗、门闩是否完整，房屋是否漏雨，照明和空气温度是否适宜；检查变压器外壳的接地状况；检查变压器地基有无下沉、歪斜现象。

34 污水处理厂电动机日常维护检查内容有哪些？

检查电动机温度、声音、振动、电动机接线盒是否有松动，电动机、负荷电缆是否有异物压卡或者酸碱、雨水、油污等。电刷经常压在滑环上运行的卷线型电动机或直流电动机，应观察其滑环或整流子上有无火花，并将一切不正常的现象通知有关领导和电工。

35 污水处理厂高压配电装置日常维护检查内容有哪些？

检查绝缘子；检查母线及设备导电部分的接触点试温片或变色漆的变化情况；检查配电装置的刀闸、开关、熔断器及自动开关的情况；检查测量仪表和继电器的运行情况；检查信号回路情况；检查带油的设备是否有渗油现象；检查照明及接地装置情况；检查备用设备能否随时投入运行；检查安全用具和消防措施是否完备好用；屋顶是否漏雨，电缆沟洞是否堵塞严密。

36 污水处理厂避雷器日常维护检查内容有哪些？

检查瓷套及瓷座应无裂纹、破损，避雷器本身不倾斜；检查引线、接地线应无断股、脱漆、脱焊、锈蚀，连接应牢固；检查上部顶帽应无猛烈的电晕声及电晕光；检查内部应无放电声；检查动作记录器的指示次数及记录器本身是否完整。

37 污水处理厂电压互感器日常维护检查内容有哪些？

检查一次熔断器管有无裂纹；检查各接头接触是否良好，有无发热和放电现象；检查接地线接触是否良好；检查套管有无裂纹、放电现象；检查外壳有无渗油，油位是否正常；检查有无异常、异味。

38 污水处理厂低压电器日常维护检查内容有哪些？

检查各部元件有无异音、异味，有无放电现象。各类器件（包括带有活动铁芯的设备）都不能有较明显的声音；检查各回路、元件的信号灯、动作指示器和仪表的指示情况；检查各部的螺钉有无松动、脱落现象，各部导线接点接触是否良好，绝缘子消弧罩应齐全、完整、稳固；检查配电装置及室内卫生应定期清扫，不使其有明显灰尘。

39 污水处理厂电力电容器日常维护检查内容有哪些？

检查电力电容器组的室内空气温度，不得超过制造厂规定。如无规定时，不应超过 35℃。如果超过，电容器应立即停止运行；检查三相电流是否平衡，电容器外壳有无膨胀或绝缘油外溢；检查电容器有无异常响声及火花；绝缘子有无破裂、放电痕迹；各部接点有无发热、异音、放电，回路是否正常。

40 污水处理厂变频器日常维护检查内容有哪些？

检查变频器周围环境，室温应在 $-5\sim25℃$ 之间，而且无潮气和腐蚀性气体；检查变频器盘面各信号是否显示正常，有无报警信号；检查整机运行声音，温度有无波动；检查电流、频率、电压等参数与外部辅助仪表相对应；检查所属电源设备均处于良好状态；检查变频器卫生散热情况、风扇状况；检查变频器附属的电抗器运行的声音、振动等情况。

第三节　仪表控制设备

41 污水处理过程中流量的计量为什么宜采用电磁流量计？

电磁流量计是一种高科技的精密测量仪器，主要适用范围就是在封闭的管道内测量流动液体的流量，通过计算得出流动液体的体积的一种仪器，这种仪器采用的是 CAN 技术，测量原理依据法拉第电磁感应定律——一个物理流体测量的定律，目前所有的电磁流量计都是采用这样的计算方式。

电磁流量计可以测量凡是带电的所有流体介质，大多都是会用在管道流量的体积计算上，如输油管线、高压自来水管线，包括带有固体流体物质的一些半混合物，特别是污水中一些高腐蚀性的化学液体，如强酸、强碱性的一些带有极强腐蚀性的液体，都是可以利用电磁流量计，对于液体的物理体积和流量实行计算。

42 **CYLD 系列电磁流量计的工作特点是什么？**

CYLD 系列电磁流量计有如下工作特点。

（1）测量不受流体密度、黏度、温度、压力和电导率变化的影响。

（2）测量管内无阻碍流动部件，无压损，直管段要求较低。

（3）系列公称通径为 $DN15\sim3000mm$。传感器衬里和电极材料有多种选择。

（4）转换器采用新颖励磁方式，功耗低，零点稳定，精确度高。

（5）转换器可与传感器组成一体型或分离型。

（6）转换器采用 16 位高性能微处理器，参数设定方便，编程可靠。

（7）流量计为双向测量系统，内装三个积算器：正向总量、反向总量及差值总量。可显示装反流量，并具有多种输出：电流、脉冲、数字通信、HART。

（8）转换器采用表面安装技术（SMT），具有自检和自诊断功能。

43 **污水处理装置上使用的变送器的作用是什么？**

变送器分为差压变送器和压力变送器两种。差压变送器在工业生产中主要是测量密闭容器的液位和管道流量时使用，它不受密闭容器和管道的压力大小的影响，且测量准确可靠，以前变送器校验与调试比较繁杂且较难调准，而且复现性差，近年来由于使用了HART275 和 HART375 得到彻底改观，因此变送器在工业生产中得到了进一步的普遍应用，变送器输出的电压信号幅度会比较小，而且输出范围也不规则。通常需要使用信号调理放大器把压力传感器的输出进行放大及电平搬移以得到所需的电压输出范围，把前端的压力传感器和后面的信号调理部分集成在一起，就构成完整的压力变送器。为了把变送器的输出调理到规定的范围，每台变送器产品在出厂前都需要进行校准，厂家提供了一套完整的多通道全自动校准系统用于压力变送器出厂前的校准。该校准系统是基于使用AD855X 可编程增益放大器的压力变送器的校准系统。工厂用HART275 和 HART375 再进行校准的同时可以很方便地更改量程和进行零点迁移，这样既方便又快捷，AD855X 系列非常适合在压力变送器应用中作为信号调理放大器使用。

44 **污水处理过程中使用的 E＋H 超声波液位计是怎样进行液位测量的？**

E＋H 超声波液位计的测量工作原理是非接触式的，是由换能器（探头）来进行测量的，由换能器（探头）发出高频超声波脉冲遇到被测介质表面被反射回来，部分反射回波被同一换能器接收，转换成电信号。超声波脉冲以声波速度传播，从发射到接收到超声波脉冲所需时间间隔与换能器到被测介质表面的距离成正比。此距离值 S 与声速 C 和传输时间 T 之间的关系可以用公式表示：$S = CT/2$。

由于发射的超声波脉冲有一定的宽度，使得距离换能器较近的小段区域内的反射波与发射波重叠，无法识别，不能测量其距离值。这个区域称为测量盲区。盲区的大小与超声波物位计的型号有关，现在随着测量精度的提高，超声波液位计盲区已为零，E＋H超声波物位计的测量精度可高达毫米级，比沉入液位计的测量精度厘米级高出至少 1 个数量级，而比吹气液面计的测量精度分米级高出至少几个数量级。

45 **污水处理过程中使用的 E＋H 超声波液位计的测量特点是什么？**

E＋H 超声波液位计由于采用了先进的微处理器和独特的 EchoDiscovery 回波处理技术，超声波物位计可以应用于各种复杂工况，换能器内置温度传感器，可实现测量值的温度补偿。

E＋H 超声波液位计换能器采用最佳声学匹配的专利技术，使其发射功率能更有效地辐射出去，提高信号强度，从而实现准确测量。

46 **污水处理过程中对 E＋H 超声波液位计的安装要求是什么？**

E＋H 超声波液位计换能器发射超声波脉冲时，都有一定的发射开角。超声波液位计从换能器下缘到被测介质表面之间，由发射的超声波波束所辐射的区域内，不得有障碍物，因此安装时应尽可能避开罐内设施，如人梯、限位开关、加热设备、支架等。另外，须注意超声波波束不得与加料料流相交。

E＋H 超声波液位计安装仪表时还要注意：最高料位不得进入测量盲区；仪表距罐壁必须保持一定的距离；仪表的安装尽可能使换能器的发射方向与液面垂直。调试 E＋H 超声波液位计时，满标与空标两大参数很重要，因此工艺提供满标与空标的参数必须绝对准确，否则将带来测量的不准确与假指示。

47 **蒸汽计量使用的涡街流量计安装时有哪些要求？**

涡街流量计的工作原理决定其安装要求。

（1）合理选择安装场所和环境 避开强电力设备、高频设备、强电源开关设备，避开高温热源和辐射源的影响，避开强烈振动场所和强腐蚀环境等，同时要考虑安装和维修方便。

（2）上下游必须有足够的直管段 若传感器安装点的上游在同一平面上有两个 90°弯头，则上游直管段≥25D，下游直管段≥5D，若传感器安装点的上游在不同平面上有两个 90°弯头，则上游直管段≥40D，下游直管段≥5D。

（3）安装点上下游的配管应与传感器同心 同轴偏差应不小于

0.5*DN* (*DN* 是公称通径)。

(4) 管道采取减振措施 传感器尽量避免安装在振动较强的管道上,特别是横向振动。若不得已要安装时,必须采取减振措施,在传感器的上下游 2D 处分别设置管道紧固装置,并加防振垫。

(5) 在水平管道上安装是流量传感器最常用的安装方式 测量气体流量时,若被测气体中含有少量的液体,传感器应安装在管线的较高处;测量液体流量时,若被测液体中含有少量的气体,传感器应安装在管线的较低处。

(6) 传感器在垂直管道的安装 测量气体流量时,流量计传感器可以安装在垂直管道上,流向不限。若被测气体中含有少量的液体,气体流向应由下向上。

测量液体流量时,液体流向应由下向上,这样不会将液体重量额外附加在探头上。

(7) 传感器在水平管道的侧装 无论测量何种流体,传感器都可以在水平管道上侧装,特别是测量过热蒸汽、饱和蒸汽和低温液体,若条件允许最好采用侧装,这样流体的温度对放大器的影响较小。

48 污水处理装置上的 ES2000T 有毒气体报警器使用时应注意哪些事项?

有毒气体报警器固定式安装一经就位,其位置就不宜更改,具体应用时应考虑以下几点。

(1) 弄清所要监测的装置有哪些可能泄漏点,分析它们的泄漏压力、方向等因素,并画出探头位置分布图,根据泄漏的严重程度分成Ⅰ、Ⅱ、Ⅲ三种等级。

(2) 根据所在场所的气流方向、风向等具体因素,判断当发生大量泄漏时,有毒气体的泄漏方向。

(3) 根据泄漏气体的密度(大于或小于空气),结合空气流动趋势,综合成泄漏的立体流动趋势图,并在其流动的下游位置做出初始设点方案。

(4) 研究泄漏点的泄漏状态是微漏还是喷射状。如果是微漏,则设点的位置就要靠近泄漏点一些。如果是喷射状泄漏，则要稍远离泄漏点。综合这些状况，拟定出最终设点方案。这样，需要购置的数量和品种即可估算出来。

（5）对于存在较大有毒气体泄漏的场所，根据有关规定，每相距 10～20m 应设一个检测点。对于无人值班的小型且不连续运转的泵房，需要注意发生有毒气体泄漏的可能性，一般应在下风口安装一台检测器。

（6）对于有氢气泄漏的场所，应将检测器安装在泄漏点上方平面。

（7）对于气体密度大于空气的介质，应将检测器安装在低于泄漏点的下方平面上，并注意周围环境特点。对于容易积聚有毒气体的场所应特别注意安全监测点的设定。

（8）对于开放式有毒气体扩散逸出环境，如果缺乏良好的通风条件，也很容易使某个部位的空气中的有毒气体含量接近或达到爆炸下限浓度，这些都是不可忽视的安全监测点。根据现场事故的分析结果，其中一半以上是由不正确的安装和校验造成的。因此，有必要介绍正确的安装和校验的注意事项以减少故障。

49 污水处理装置上安装有毒气体报警器时应注意什么问题？

安装有毒气体报警器时应注意以下几个问题。

（1）报警器探头主要是接触燃烧气体传感器的检测元件，由铂丝线圈上包氧化铝和黏合剂组成球状，其外表面附有铂、钯等稀有金属。因此，在安装时一定要小心，避免摔坏探头。

（2）报警器的安装高度一般应为 160～170cm，以便于维修人员进行日常维护。

（3）报警器是安全仪表，有声、光显示功能，应安装在工作人员易看到和易听到的地方，以便及时消除隐患。

（4）报警器的周围不能有对仪表工作有影响的强电磁场（如大功率电机、变压器）。

（5）被测气体的密度不同，室内探头的安装位置也应不同。被测气体密度小于空气密度时，探头应安装在距屋顶30cm处，方向向下；反之，探头应安装在距地面 30cm 处，方向向上。

50 污水处理厂沉淀池在线 pH 计分析仪出现故障应如何判断和处理？

pH 计分析仪由控制器、传感器、电缆及安装附件组成。

一套测量系统出了故障，一般应该从以上构件来着手判断。

（1）首先，把控制器做相应复位处理（以清除错误的校正曲线），再短路控制器的 pH 信号输入端，看显示值是否为 "7.00±0.5pH"，若条件满足，可以判断控制器没有问题。

（2）拆卸传感器做相应清洗工作，然后直接连接控制器，用标准溶液校正仪器，看是否通过，如通过可以排除控制器和传感器故障。

（3）重新连接控制器、电缆、传感器，若问题依然存在，那么说明电缆已老化、断裂等，做相应更换即可。

（4）由于安装在沉淀池中的传感器经常结垢，应经常对传感器进行除垢处理。

51 污水处理厂使用的 HACH 在线 COD 分析仪的特点是什么？

HACH 在线 COD 分析仪有如下特点。

（1）独特的设计，使本产品较之同类产品具有更低的故障率、更低的维护量、更低的试剂消耗量以及更高的性价比和准确度。

（2）利用光电计量管系统克服了蠕动泵流量不稳定造成的误差。增加了一个可视式光电定量装置，通过液面遮挡光线引起信号的改变，精确实现试剂定量，所以该法克服了软管磨损降低定量精度的缺点。

（3）同时实现了微量试剂的精确定量，大大减少了试剂使用量。

（4）多向选择阀，通道灵活多样，摒弃了昂贵的隔膜电磁阀，大大降低了维护量和维护成本。隔膜电磁阀虽然防腐性能很高，但是对试剂清洁度却有较高的要求，试剂不清洁时，经常会出现倒流，并且这类电磁阀具有随其开闭而使流体被吸入或排出的泵功能，所以对于分析取样的精度提出了更高的要求，尤其是在所取剂量很少的情况下，带来的误差更是严重的。该发明涉及的选择阀，与目前市场上水质分析仪的电磁阀相比较，具有死体积少、防腐性能高、故障率低、使用寿命长、易维护更换等优点。

（5）试剂进样采用蠕动泵负压吸入方式，保证液体不和泵管接触，试剂与软管间存在一个空气缓冲区，试剂与软管没有直接接触，所以大大降低了软管的要求，并且杜绝了泵管对液体的污染，避免了泵管腐蚀。

（6）采用严格控制的温度条件，采用温度补偿技术，克服了温漂影响，确保反应条件符合要求，甚至优于人工操作。

（7）试剂管路均采用进口的氟材料管，减少了水样颗粒堵塞的概率。

52 污水处理厂使用的 HACH 在线 COD 分析仪的检测步骤有哪些？

HACH 在线 COD 分析仪的检测步骤有以下几点。

（1）当测量循环过程开始后，用蒸馏水冲洗各管路、计量管和加热瓶，以除去残留的干扰物。

（2）使用蠕动泵将水样、掩蔽剂、缓冲剂、显色剂先后加到加热瓶中，水样和溶液不直接与蠕动泵接触，防止腐蚀和干扰物污染，同时采用光电计量管，防止产生由蠕动泵流量变化而造成的加液量的误差。

（3）在 160℃条件下反应。

（4）由加热装置将溶液加热，由测量系统自动控制显色时间。

（5）通过鼓泡混合液体，从而保证加热瓶中的溶液完全混合。

（6）然后利用光电比色法测量溶液的吸光度，根据吸光度计算水样中 COD 的浓度。

（7）在用户自定义的测量周期中，分析仪会利用内置的校准标液和清洗溶液自动进行校准和清洗。

53 污水处理厂使用的在线 pH 分析仪是怎样实现水质自动监测的？

在线 pH 分析仪是通过在线手段实现自动水质监测的一种仪

器，它运用现代传感器技术、自动测量技术、自动控制技术、计算机应用技术以及相关的专用分析软件和通信网络，可以实时得到当前的水质数据。

在线 pH 分析仪主要是采用离子选择电极测量法来实现精确检测的。仪器上的电极为 pH 电极和参比电极。pH 电极有一个离子选择膜，会与被测样本中相应的离子发生反应，膜是一个离子交换器，与离子电荷发生反应而改变了膜电势，就可检测被测介质、样本和膜间的电势。膜两边被检测的两个电势差值会产生电流，样本、参比电极、参比电极液构成"回路"一边，膜、内部电极液、内部电极构成另一边。

内部电极液和样本间的离子浓度差会在工作电极的膜两边产生电化学电压，电压通过高传导性的内部电极引到放大器，参比电极同样引到放大器的地点。通过检测一个精确的已知离子浓度的标准溶液获得定标曲线，从而检测样本中的离子浓度。

溶液中被测离子接触电极时，在离子选择电极基质的含水层内发生离子迁移。迁移的离子的电荷改变存在着电势，因而使膜面间的电位发生变化，在测量电极与参比电极间产生一个电位差。离子选择式电极，电极内含有已知离子浓度的电极液，通过离子选择电极膜与样本中相应离子相互渗透，从而在膜的两边产生膜电位，样本中离子浓度不同，产生的电位信号的大小也不同，通过测量电位信号大小就可以测知样本中离子的浓度。

内部电极液与样本之间的离子浓度差使电极膜产生电化学电位，这个电位可由电极取出，输往放大器的输入端，放大器的另一个输入端与参比电极连接并接地，电极电压可进一步放大，形成电压差，决定着被测样本的离子浓度。

54 污水处理厂生化反应池为什么使用 HACH GLI 极谱法溶解氧分析仪？

HACH GLI 极谱法溶解氧分析仪是城市污水和工业废水处理过程中溶解氧监测比较理想的在线分析仪。HACH GLI 极谱法溶解氧分析仪能精确测出污水处理过程中是否有充足的溶解氧的量，以确保维持微生物的活性，并可通过控制曝气量优化能源的使用。其适用于污水处理厂内各工艺点的监测。典型的应用环境包括调节池、曝气池、好氧/厌氧消解池和出水监测等。

HACH GLI 极谱法溶解氧分析仪，配置 GLI5500 溶解氧探头，采用克拉克极谱电池技术，由金传感器、银传感器和银参考传感器组成三传感器系统。对银参考传感器采用恒定的电压进行极化，起到了稳定测量值的作用，避免了传统两传感器系统的干扰，使 GLI5500 传感器具有很高的精度和稳定性。完全满足了污水处理厂对曝气池污水中溶解氧的监测。

HACH GLI 系列溶解氧分析仪有三种规格的控制器（sc200、D33、PRO-D3）可供选择，很好地满足了污水处理厂曝气池污水中溶解氧的监测。

55 污水处理厂污水排放氨氮监测为什么采用 HACH 公司的 Amtax Compact 氨氮分析仪？

HACH 公司的 Amtax Compact 氨氮分析仪能够在线检测废水处理过程中污水的氨氮浓度，是已经通过国家环保总局认可的进口氨氮分析仪。它运用了全新的气、液传输技术和高性能的比色测量方法，从而提供了可靠、准确的氨氮检测结果，而且维护量很低。因为其结构紧凑、价格便宜，Amtax Compact 氨氮分析仪可以取代现有、以电化学原理为基础、高维护率氨氮分析仪，同时，该分析仪具有高可靠性和低成本的特点。它可以检测工业污水排放口、地表水以及污水处理厂各控制点等处水中氨氮的浓度。

56 E＋HCSM750/CSS70 型 COD 分析仪的维护日程是什么？

（1）每周维护日程　清洗测量传感器，必须用软布进行擦拭。

（2）每月维护日程　清洗测量传感器以及进行标定。对测量视窗进行清洗，检查标定，必要时必须对仪表进行标定。

57 E＋HCSM750/CSS70 型 COD 分析仪用什么方法进行标定？

E＋HCSM750/CSS70 型 COD 分析仪用两点标定法进行标定。

（1）准备蒸馏水一桶，现场污水样一桶（污水 COD 由实验室分析得出)。

(2) 调整变送器到显示频率画面。

(3) 将洁净的探头放入蒸馏水以及污水样中。

(4) 待测量频率稳定时,记录下两个测量频率值。

(5) 将 no. of points 选项中的值调整为 2。在 concentrate input 选项中分别输入实验室分析蒸馏水和污水 COD 值。在 prequency 选项中按正确顺序输入在蒸馏水中和污水样中测得的频率值。

(6) 按 M 键返回进行测量。

58 **Amtax Compact 氨氮分析仪湿度感应器的作用是什么?**

湿度感应器感应分析仪外壳底部的液体。如果有液体被感应到,感应器会把分析仪关掉,并且显示 "Humidity!" 在显示屏的左下角。如果发生这种情况,应找回引起液体在分析仪中积累的原因,并且采取措施使得液体不再积累。然后按照以下步骤重新启动分析仪。

(1) 把外壳中的液体排掉,用干的纸或者毛巾把底部擦干。

(2) 把外壳的门打开一段时间,或者将剩余的水蒸气吹干。

(3) 按住 F1 至 F4 功能键中的一个,直到主菜单出现。

(4) 翻到 "state",然后按软键盘至 "choose"。

(5) 按软键盘至 "reset(F4)"。

(6) 按软键盘至 "measurement(F1)"。

当湿度感应器干了以及此标志在 "statue" 菜单中被确认后,测量模式重新进行。

59 **pH 计的调校步骤有哪些?**

pH 计在连续使用时,每周要标定一次。电源接通后,按 "pH/mV" 按钮,使仪器进入 pH 测量状态,预热 30min。按 "温度" 按钮,使显示为溶液湿度值(此时温度指示灯亮),然后按 "确认" 键,仪器确定溶液温度后回到 pH 测量状态。

把用纯化水清洗过的电极插入 pH=6.86(25℃)的标准缓冲

溶液中，待读数稳定后按"定位"键（此时 pH 指示灯慢闪烁，表明仪器在定位标定状态），使读数为该溶液当时温度下的 pH 值，然后按"确认"键，仪器进入测量状态，pH 指示灯停止闪烁。

把用纯化水清洗过的电极插入 pH＝4.01（25℃）[或 pH＝9.18（25℃）] 的标准缓冲溶液中，待读数稳定后按"斜率"键（此时 pH 指示灯闪烁，表明仪器在斜率标定状态），使读数为该溶液当时温度下的 pH 值，然后按"确认"键，仪器进入 pH 测量状态，pH 指示灯停止闪烁，标定完成。

重复以上步骤，直至不用再调节定位或斜率两调节旋钮，仪器显示数值与标准缓冲溶液 pH 值之差≤±0.02 为止。

1 什么是危害因素？如何对危害因素进行分类？

危害因素是指可能造成伤亡、职业病、财产损失、作业环境破坏的根源或状态，即所有可引发事故或职业病的各种危险因素。危害因素种类繁多，存在形式和阶段各异。按其性质可分为物理性因素、化学性因素、生物性因素、心理和生理性因素、行为性因素、社会性因素等。按照在生产过程和作业现场的存在方式可分为潜在因素和显在因素。

2 什么是环境因素？如何识别环境因素？

环境因素是组织活动、产品或服务中能与环境发生相互作用的要素。环境因素是环境管理要考虑的基本对象。确定环境因素是组织环境管理的基础信息，组织应全面系统地分析，找出全部环境因素。在识别环境因素的过程中，需要重点检查涉及下列问题的活动、过程中的环境因素。这些问题包括以下几个。

（1）向大气的排放。

（2）向水体的排放。

（3）废物管理。

（4）土地污染。

（5）原材料使用和自然资源的利用。

（6）对局部地区或社会有影响的环境问题。

（7）一些特殊问题。

此外，还有组织所在地是否处于环境敏感区等。值得注意的是，环境因素的识别不应仅局限于生产经营活动排放的污染以及能源资源使用等问题。组织的管理方式、员工的培训、组织的外部变化等也应引起注意。

环境因素的识别应尽可能地细致、全面，不要遗漏。通常，绘制工艺流程图、采取简单的物质平衡分析是一种识别污染，掌握废物产生、排放的有用工具。

③ 环境因素识别的基本要求是什么？

（1）环境因素识别应覆盖本组织对环境管理造成直接影响和具有潜在影响的所有活动、产品或服务中的各个方面。

（2）环境因素的识别应考虑正常、异常、紧急三种状态和过去、现在、将来三种时态。

（3）环境因素识别要体现全过程环境管理思想、考虑大气排放、水体排放、固体废弃物管理、噪声污染、资源能源的消耗、相关方影响等方面。

（4）环境因素识别人员要熟悉本部门的各项业务活动或本车间的工艺过程，认真填写环境因素识别记录。

④ 环境因素识别和评价的具体方法有哪些？

环境因素识别的具体方法包括以下几个。

（1）环境因素调查表法。

（2）物料衡算法。

（3）污染物流失总量法。

环境因素评价的具体方法包括以下几个。

（1）环境质量评价法。

（2）打分评价法。

（3）矩阵评价法。

（4）重要性准则评价法。

⑤ 环境因素识别工作的程序是什么？

（1）公司环保主管部门根据本企业的特点确定环境因素识别与评价的方法，并召集公司各部门和基层单位的相关人员进行培训，使其掌握环境因素识别与评价的方法。

（2）各基层单位环保负责人在工厂内进行环境因素识别方法的培训。培训完成后，将环境因素识别的相关记录发放到各车间，各车间按照环境因素识别方法查找环境因素，填写相关记录，完成后交给工厂环保负责人。

（3）各基层单位环保负责人收集整理各车间填写的环境因素识别记录，组织相关管理人员讨论，从车间重要环境因素中确定本单位的重要环境因素，并将环境因素识别记录交至公司安全环保主管部门。

（4）公司各部门派专人按照环境因素识别方法查找环境因素，填写相关记录，完成后组织内部讨论，确定本部门的环境因素，并将环境因素识别记录交至公司环保主管部门。

（5）公司环保主管部门审核确认公司各部门和基层单位填写的环境因素识别记录。

6 什么是环境风险？环境风险有哪些特点？

环境风险是由人类活动引起或由人类活动与自然界的运动过程共同作用造成的，通过环境介质传播，能对人类社会及其生存、发展的基础——环境产生破坏、损失乃至毁灭性作用等不利后果的事件的发生概率。

环境风险具有两个主要特点，即不确定性和危害性。

7 污水处理厂的日常环境风险有哪些？

污水处理厂的日常环境风险包括以下几个。

（1）污水管道由于堵塞、破裂和接头处的破损，会造成大量的污水外溢，污染地下水及地表水。

（2）污水泵站由于长时间停电或污水泵损坏，排水不畅时易引起污水浸溢。

（3）污水处理厂由于停电、设备损坏、污水处理设施运行不正常、停车检修等造成大量污水未经处理直接排放。

（4）活性污泥变质、发生污泥膨胀或者污泥解体等异常情况。

（5）由地震等自然灾害致使污水管道、处理构筑物损坏。

（6）异味气体处理装置运行不正常导致的空气污染。

8 **污水处理厂易发生的环境事故有哪些？**

对于已建成的污水处理厂，其事故主要有三类：第一类是对于合流制污水收集系统，在汛期当污水处理厂的进水量超过污水处理厂的处理能力时，或者在二级处理工艺出现故障而不能正常运行时，进厂污水往往只经过一级处理就通过超越系统直接排出厂外，此时污染物的处理率十分有限，易导致污水超标排放；第二类是在污水处理厂容量范围内，污水进水水质和水量的变化所造成对系统的冲击，而导致污水出水水质的变化情况；第三类是污水输送系统，因提升泵房或管线出现故障无法进行正常的输送时，造成污水不能得到及时正常处理而外排。

9 **对于污水处理厂易发生的环境事故应采取何种风险控制手段？**

通过对实例的研究表明，发生事故时当原水只经过一级处理后，出水的环境风险是不可避免的，唯一的手段就是控制不达标水的排放，吉化公司采用三级防控体系的管理方式，在工厂建设7万立方米事故缓冲池，对事故水进行临时存放，确认系统恢复后再分批处理、排放。若事故为第二类时，当污水处理厂出水的 COD 或其他特征污染因子异常超高时，要通过及时控制污染源及污水处理厂运行系统的及时调整，实现达标排放。可以通过加大曝气量或增大回流比来减少对环境造成的风险；当出水 TN 不达标时，可以通过增加回流比来减小 TN 的出水浓度；出水 TP 不达标时，可以通过减少污泥回流、增加排泥量即减小回流比来降低出水 TP 的浓度。对第三类可能发生的事故要建立完善的备用保障体系，包括增加备用电源、备用设备、备用管线、事故缓冲池等，要确保输送系统安全可靠。

10 **污水处理厂检修作业风险分析与安全控制措施有哪些？**

污水处理厂的检修作业风险分析与安全控制措施见表 7-1。

表7-1　检修作业风险分析与安全控制措施

序号	风险分析	安全控制
1	作业人员不清理现场危险状况	作业前必须对作业人员进行安全教育
2	检修系统未彻底隔绝	关闭所有连接阀门,必要时加盲板或拆除一段管道隔绝
3	监护不足	指派专人监护,并坚守岗位
4	劳动防护用品佩戴	按相关规定正确佩戴劳动防护用品
5	作业现场与生产现场联系不足	检修前,检修项目负责人要与当班班长取得联系
6	运转设备检修	切断需检修设备的电源,并经启动复查确认无电后,在电源开关处挂"禁止启动"的安全标识
7	检修器材不符合安全要求	检查材料、器具、设备必须符合要求
8	使用移动式电动工具	配有漏电保护装置
9	检修现场存有腐蚀性介质	备有冲洗用水源
10	检修现场存在坑、洼、沟等	铺设与地面平齐的盖板,也可设置围栏或警戒标识
11	需要进行高处、动土、动火、有限空间、吊装作业	按规定办理相关的作业许可证
12	作业人员违反规程作业	立即停止作业,进行相关教育

11 **什么是非常规作业?**

临时、缺乏程序规定的作业活动被称为非常规作业。

12 **非常规作业需采取哪些控制措施来保障作业安全?**

通过严格落实作业许可管理制度,可以有效控制和削减临时性作业活动风险,保护员工健康安全,预防事故的发生。因此必须严格执行作业许可证的申请、审查、审批、关闭、管理等相关规定,保证作业受控管理。

非常规作业许可管理流程如图7-1所示。

13 **什么是临时用电作业?**

临时用电作业是指临时性使用380V或380V以下的低压电力

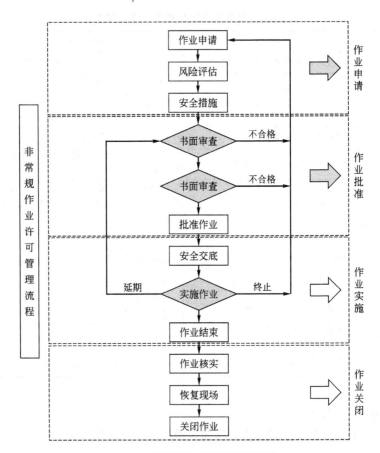

图 7-1 非常规作业许可管理流程

系统的作业，除按标准成套配置的，有插头、连线、插座的专用接线排或接线盘以外的，所有其他用于临时用电的电气线路，包括电缆、电线、电气开关、设备等（简称临时用电线路）。

14 污水处理厂临时用电风险的安全控制措施有哪些？

（1）临时用电作业人员必须持有电气安全作业证。

（2）临时用电线路架空高度在装置内不低于 2.5m，道路不低于 5m，临时用电线路架空不得在树上或脚手架上架空。

（3）所有临时用电线路不得有裸露。

（4）临时用电设施应有漏电保护装置且漏电保护装置应经检定合格方可使用。

（5）作业现场临时用电箱或配电盘应有防雨措施。

（6）用电设备、线路容量、负荷应符合要求。

（7）若作业条件发生重大变化，应重新办理《临时用电许可证》。

15 **动火作业有哪些？**

（1）焊接、切割作业。

（2）打磨、喷砂、锤击等产生和可能产生火花的作业。

（3）使用喷灯、火炉、液化气炉、电炉、煨管等明火作业。

（4）易燃易爆区域临时用电或使用非防爆电动工具、电气设备及器材。

（5）使用雷管、炸药等的爆破作业。

（6）机动车进入爆炸危险区域作业。

16 **污水处理厂动火作业风险的安全控制措施有哪些？**

（1）动火前是否将与动火点相连的管线进行可靠的隔离、封堵、拆除处理。

（2）动火点 15m 内的各类井盖、排气管、管道、地沟等应封严盖实。

（3）动火前是否在动火区域设置警戒标志、警戒绳。

（4）动火时，监护人必须到位，动火人离开动火点，停止动火。

（5）动火前消防措施是否到位，是否配备足够的消防器材。

（6）动火前是否按规定对动火点进行了气体检测，检测合格后方可进行动火作业。

（7）使用氧气瓶、乙炔瓶时是否按规定摆放，氧气瓶与乙炔瓶的间隔不小于 5m，且乙炔瓶严禁卧放，二者与动火作业地点距离不得小于 10m，并不得在烈日下暴晒。

（8）遇 5 级以上（含 5 级）风不应该进行室外高处作业，遇 6 级以上（含 6 级）风应停止室外一切动火作业。

（9）高处作业动火时应在动火点下方设置接火盆。

17 **什么是高处作业？**

凡在坠落高度基准面 2m 以上（含 2m）有可能坠落的高处进行的作业统称为高处作业。

高处作业分为一般高处作业和特殊高处作业。

（1）一般高处作业

① 一级高处作业是指高度在 2~5m（含 2m）高处的作业。

② 二级高处作业是指高度在 5~15m（含 5m）高处的作业。

③ 三级高处作业是指高度在 15~30m（含 15m）高处的作业。

（2）特殊高处作业　在作业基准面 30m 以上（含 30m）高处的作业为特殊高处作业。

18 **污水处理厂高处作业风险的安全控制措施有哪些？**

（1）高处作业需要办理高处作业许可证。

（2）作业现场配备专职监护人，由属地单位和作业单位分别指派。没有监护人，作业人员不得进行作业。

（3）作业人员应培训合格。患有高血压、心脏病、贫血、癫痫、严重关节炎、手脚残废、饮酒或服用嗜睡、兴奋等药物的人员及其他禁忌高处作业的人员不得从事登高作业。

（4）高处作业的设施和设备，在投用前，要全部检查，经确认完好后，才能投入使用。

（5）高处作业禁止投掷工具、材料和杂物等，工具应有防掉绳，并放入工具袋。作业点下方应设置安全警戒区。

（6）应避免临边作业，如必须进行临边作业时，必须采取符合安全规范的防护措施。应预先评估，在合适位置预制锚固点、生命线及安全带的固定点。

（7）尽可能采用脚手架、操作平台和升降机等作为安全作业平台。

（8）禁止在不牢固的结构物（如石棉瓦、木板条等）上进行作业，禁止在平台、空洞边缘、通道或安全网内休息。禁止在不固定的构件上行走或作业。

（9）梯子使用前应检查结构是否牢固。踏步间距不得大于300mm；人字梯应有坚固的铰链和限制跨度的拉链。禁止踏在梯子顶端工作。使用靠梯时，脚距梯子顶端不得少于四步，用人字梯时不得少于两步。靠梯的高度如超过6m，应在中间设支撑加固。

（10）在平滑面上使用的梯子，应采用顶部套、绑防滑胶皮等措施。直梯应放置稳定，与地面夹角以60°～70°为宜。在容易偏滑的构件上靠梯时，梯子上端应用绳绑在上方牢固构件上。禁止在吊架上架设梯子。

19 什么是受限空间、特殊受限空间、受限空间的进入？

（1）受限空间 是指有足够的空间让员工可以进入并进行指定的工作、进入和撤离受到限制不能自如进出、并非设计用来给员工长时间在内工作的空间。此外，至少还存在以下危险特征之一，即存在或可能产生有毒有害气体、存在或可能产生掩埋作业人员的物料、内部结构可能将作业人员困在其中（如内有固定设备或四壁向内倾斜收拢）。受限空间可为生产区域内的炉、塔、釜、罐、仓、槽车、管道、烟道、隧道、下水道、沟、坑、井、池、涵洞等封闭、半封闭的空间或场所。

（2）特殊受限空间 是指存在受限空间内无法通过工艺吹扫、蒸煮、置换处理达到合格；与受限空间相连的管线、阀门无法断开或加盲板；受限空间作业过程中无法保证作业空间内部的氧气浓度合格；受限空间内的有毒有害物质高于GBZ 2—2007《工作场所有害因素职业接触限值》中的最高允许浓度等情况的受限空间。

（3）受限空间的进入 是指当身体任何部位越过受限空间的口径，并足以让整个身体能够进入受限空间的开口平面时的一个起始动作。

20 污水处理厂受限空间作业存在哪些危险因素？

（1）受限空间内可能存在有毒有害介质。

（2）受限空间内可能存在易燃、易爆气体。

（3）受限空间可能属于缺氧环境。

（4）受限空间内存在或可能涌入淹没作业人员的污水或物料，内部结构可能将作业人员困在其中（如内有固定设备或四壁向内倾斜收拢）。

21 **污水处理厂有限空间作业风险的安全控制措施有哪些？**

（1）进入有限空间作业实行作业许可，相关部门、车间须认真办理《进入有限空间作业许可证》，严格控制进入有限空间作业所需的有效工作时间。

（2）进入有限空间作业，各类防护设施和救援物资应配备到位。

（3）进入有限空间作业前，与进入有限空间作业相关人员都应接受培训。

（4）在进入准备和进入期间，应进行气体检测，设置警示标志，防止误入。

（5）要保持进入受限空间的安全通道畅通。

（6）进入受限空间作业使用的电动工具要有漏电保护装置，在金属设备内或特别潮湿场所作业使用的安全灯电压应为12V且绝缘良好。

（7）人员进入有限空间内作业，须认真落实监护人，且监护人应坚守岗位，并与进入作业人保持有效联络，直至安全作业完毕，如监护人发现异常情况时，须快速救护人员并报告主管领导。

22 **应急管理包括哪些内容？**

应急管理是应对于特重大事故灾害的危险问题提出的。应急管理是指政府及其他组织机构在突发事件的事前预防、事发应对、事中处置和善后恢复过程中，通过建立必要的应对机制，采取一系列必要措施，应用科学、技术、规划与管理等手段，保障公众生命、健康和财产安全；促进社会和谐健康发展的有关活动。事故应急管理的内涵，包括预防、准备、响应和恢复四个阶段。

23 应急管理的方针及原则分别是什么？

"居安思危，预防为主"是应急管理的指导方针。

国家突发公共事件总体应急预案提出了六项工作原则，即：以人为本，减少危害；居安思危，预防为主；统一领导，分级负责；依法规范，加强管理；快速反应，协同应对；依靠科技，提高素质。

24 应急管理工作的"一案三制"是指什么？

"一案"是指应急预案，就是根据发生和可能发生的突发事件，事先研究制定的应对计划和方案。应急预案包括各级政府总体预案、专项预案和部门预案，以及基层单位的预案和大型活动的单项预案。"三制"是指应急工作的管理体制、运行机制和法制。

一要建立健全和完善应急预案体系。就是要建立"纵向到底，横向到边"的预案体系。所谓"纵"，就是按垂直管理的要求，从国家到省到市、县、乡镇各级政府和基层单位都要制定应急预案，不可断层；所谓"横"，就是所有种类的突发公共事件都要有部门管理，都要制定专项预案和部门预案，不可或缺。相关预案之间要做到互相衔接，逐级细化。预案的层级越低，各项规定就要越明确、越具体，避免出现"上下一般粗"现象，防止照搬照套。

二要建立健全和完善应急管理体制。主要是建立健全集中统一、坚强有力的组织指挥机构，发挥我们国家的政治优势和组织优势，形成强大的社会动员体系。建立健全以事发地党委、政府为主、有关部门和相关地区协调配合的领导责任制，建立健全应急处置的专业队伍、专家队伍。必须充分发挥人民解放军、武警和预备役民兵的重要作用。

三要建立健全和完善应急运行机制。主要是建立健全监测预警机制、信息报告机制、应急决策和协调机制、分级负责和响应机制、公众的沟通与动员机制、资源的配置与征用机制、奖惩机制和城乡社区管理机制等。

四要建立健全和完善应急法制。主要是加强应急管理的法制化建设，把整个应急管理工作建设纳入法制和制度的轨道，按照有关的法律法规来建立健全预案，依法行政，依法实施应急处置工作，要把法治精神贯穿于应急管理工作的全过程。

㉕ 污水处理厂所涉及的潜在危险性有哪些？

污水处理厂在生产运行过程中，由于工艺控制或生产调整失误，造成生产波动，系统处理效率下降，出水中污染物浓度上升，超过排放标准，造成总排放口超标排放，对流域水体造成污染。

污水超标排放，引发水体污染，严重影响下游居民的用水，易造成社会恐慌。污水干线泄漏，污水扩散到邻近居民区，抢修过程可能阻塞交通，影响居民出行，对企业形象造成不利影响，且易引发群众不满情绪。

上游事故水处理不当，大量污染物排入流域水体，不仅影响下游群众用水，情况严重时还可能引发国际争端。

㉖ 对污水处理厂涉及的潜在危险应如何采取预防措施？

（1）设计阶段，关键管线慎重选材，重点考虑耐腐蚀、不易老化的材料。

（2）关键设备、环保设施加强监控力度，定期巡检，加强日常维护保养。

（3）加大安全环保投入，适当增加安全环保监测仪表、监控设施的投入应用，及时发现初期的泄漏。

（4）按照设备检修规程，定期进行检测、检修，及时消除隐患。

（5）水质不达标或污染严重能够造成环境事件的，水体进入防控体系，防止二次污染。

根据不同类型的事件，原则上采取 22 项预防对策，见表 7-2。

㉗ 污水处理厂应具的应急预案有哪些？

一般来说，污水处理厂应具备综合应急预案和专项应急预案。其中专项应急预案包括以下几个。

（1）火灾事故应急预案。

表 7-2 不同类型的事件采取的预防对策

编号	事件发生原因	污染的预防对策
1	环保设施失灵(污水管网破裂、堵塞,污水管网超负荷运行阀门失灵)	(1)定期疏通下水管线 (2)定期巡查下水管网、窨井、地沟等,及时清理杂物,保证排水畅通 (3)严格控制工艺操作,杜绝含各种凝聚性物质排入下水 (4)机泵定期维护保养,备机完好,备用电源完好 (5)调节池保持低水位运行 (6)加强环保设施的操作管理 (7)对工厂各阀门定期检查,发现问题及时维修 (8)污水提升泵房控制输水量均衡,减小因管线内压力对管线造成的冲击 (9)加强巡线管理,避免其他外力损坏管线
2	汛期水量大、江水上涨;上游装置产生事故污水	(1)及时掌握气候异常信息 (2)提前做好防范准备,建立应急物资台账 (3)进入汛期前江堤旁准备充足的沙袋 (4)加强监控,用调度室内摄像头监控江水水位 (5)所有构筑物保持低液位运行,以应对水量突增状况 (6)确保各阀门处于正常位置,且灵活好用
3	排放口污染物超标	(1)增加在线监测系统,加强进水水质监控,避免水质冲击,保证生化系统运行稳定 (2)建立在线仪表台账,定期对在线仪表进行维护和清理,确保数据真实、有效 (3)发挥各处理单元的作用,严格按照工艺规程控制工艺参数,使污染物浓度稳步降低,保证出水达标 (4)及时了解上游装置开、停车及故障信息,特殊污水特殊处理 (5)加大污水管理力度,使污泥系统处于平衡状态 (6)加强水质分析管理,及时、准确地指导生产 (7)加强公用工程系统和管网管理,保证安全稳定生产

(2) 环境突发事故应急预案。

(3) 停晃电应急预案。

(4) 公用工程故障应急预案。

(5) 重大自然灾害应急预案。

(6) 群体性突发事件应急预案。

（7）其他专项应急预案。

28 **事故应急预案编写的基本要求是什么？**

事故应急预案编写的基本要求包括科学性、实用性和权威性。事故的应急救援工作是一项科学性很强的工作，必须开展科学分析和论证，制定严密、统一、完整的应急预案；应急预案应符合项目的客观情况，具有实用、简单、易掌握等特性，便于实施；对事故处置过程中职责、权限、任务、工作标准、奖励与处罚等做出明确规定，使之成为企业的一项制度，确保其权威性。

29 **事故应急处理程序是什么？**

响应程序由工厂事件应急救援指挥中心执行，由工厂应急救援管理办公室协调。

（1）立即召开首次会议，宣布进入应急响应状态。

（2）通报事件情况，研究部署应急救援工作，审定应急有关事项。

（3）向事件发生单位、装置派出现场工作组。

（4）协调应急资源（专家、专业队伍和物资、装备等），判断是否请求协调外部应急资源。

（5）向公司应急领导小组报告事件有关信息。

（6）贯彻落实公司应急领导小组的应急工作指令。

（7）解除应急状态。

30 **为完善应急管理，工厂平时应做哪些准备？**

（1）通信与信息　工厂组织各相关车间建立健全有线、无线相结合的基础应急通信系统，有关单位的联系方式保证能够随时取得联系，调度值班电话保证 24 小时有人值守，应通过有线电话、移动电话、微波等通信手段，保障通信畅通。

（2）物资与装备　依据突发事件应急处置的需求，工厂逐步建立健全应急物资贮备体系，包括但不限于以下种类：消防装备、气防装备、抢险装备、抢险物资（包括材料、备品等）、紧急避难所、救护装备、可燃及有毒气体检测装备、个人防护装备、灭火器等应急物资。应急物资贮备，依托所属车间。应急物资管理，由工厂应急指挥中心负责。

（3）应急队伍

① 依托车间完善工厂救援机制，建立应对突发事件的抢险队伍，主要包括义务消防队伍、工程抢险队伍、后勤保障队伍。

② 加强应急队伍业务培训和应急演练，提高员工应对突发事件的能力。

（4）应急培训 机关利用安全领导小组会议时间对应急小组成员进行培训；车间利用班组安全活动时间组织对员工进行应急预案培训。

（5）预案管理 定期修订预案。每次演练后，要对演练情况进行总结，同时对预案的有效性、实用性、符合性、可操作性进行评审，依据评审结果对预案进行修订。

第八章 ▶ 污水处理药剂

1 废水处理中常用药剂的种类有哪些?

废水处理药剂分成以下几类:絮凝剂、助凝剂、调理剂、破乳剂、消泡剂、pH 调整剂、氧化还原剂、消毒剂。

2 什么是絮凝剂? 其作用是什么?

絮凝剂,有时又称混凝剂,是能够降低或消除水中分散微粒的沉淀稳定性和聚合稳定性,使分散微粒凝聚、絮凝成聚集体而除去的一类物质。絮凝剂在污水处理领域作为强化固液分离的手段,可用于强化污水的初次沉淀、浮选处理及活性污泥法之后的二次沉淀,还可用于污水三级处理或深度处理。

3 絮凝剂的作用机理是什么?

由于水中胶体颗粒微小、表面水化和带电使其具有稳定性,絮凝剂投加到水中后水解成带电胶体与其周围的离子组成双电层结构的胶团。投药后的快速搅拌增加水中胶体杂质颗粒与絮凝剂水解成的胶团的碰撞机会和次数,使水中的杂质颗粒在絮凝剂的作用下首先失去稳定性,然后相互凝聚成尺寸较大的颗粒,再在分离设施中沉淀下去或漂浮上来。

4 絮凝剂的种类有哪些?

按照化学成分,絮凝剂可分为无机絮凝剂、有机絮凝剂以及微生物絮凝剂三大类。无机絮凝剂包括铝盐、铁盐及其聚合物。有机絮凝剂按照聚合单体带电基团的电荷性质,可分为阴离子型、阳离子型、非离子型和两性型等几种，按其来源又可分为人工合成高分子絮凝剂和天然高分子絮凝剂两大类。在实际应用中，往往根据无机絮凝剂和有机絮凝剂性质的不同，把它们加以复合，制成无机有机复合型絮凝剂。

微生物絮凝剂是现代生物学与水处理技术相结合的产物，是当前絮凝剂研究发展和应用的一个重要方向。

5　无机絮凝剂的种类有哪些？

传统应用的无机絮凝剂为低分子的铝盐和铁盐，铝盐主要有硫酸铝 [$Al_2(SO_4)_3 \cdot 18H_2O$]、明矾 [$Al_2(SO_4)_3 \cdot K_2SO_4 \cdot 24H_2O$]、铝酸钠（$Na_2Al_2O_4$），铁盐主要有三氯化铁（$FeCl_3 \cdot 6H_2O$）、硫酸亚铁（$FeSO_4 \cdot 6H_2O$）和硫酸铁 [$Fe_2(SO_4)_3 \cdot 2H_2O$]。

6　无机絮凝剂硫酸铝的特点和适用范围有哪些？

硫酸铝的特点是腐蚀性较小，使用方便，但水解反应慢，需要消耗一定的碱量。硫酸铝适用的 pH 值范围与原水的硬度有关，处理软水时，适宜 pH 值为 5～6.6，处理中硬水时，适宜 pH 值为 6.6～7.2，处理高硬水时，适宜 pH 值为 7.2～7.8。硫酸铝适用的水温范围是 20～40℃，低于 10℃时混凝效果很差。

7　无机絮凝剂三氯化铁的特点和适用范围有哪些？

三氯化铁是无机低分子凝聚剂，其特点是易溶于水，矾花大而重，沉淀性能好，对温度、水质及 pH 值的适应范围宽等优点。三氯化铁的适用 pH 值范围是 9～11，形成的絮凝体密度大，容易沉淀，低温或高浊度时效果仍很好。固体三氯化铁具有强烈的吸水性，腐蚀性较强，易腐蚀设备，对溶解和投加设备的防腐要求较高，具有刺激性气味，操作条件较差。

8　无机高分子絮凝剂的种类有哪些？

常用无机高分子絮凝剂的类别和品种见表 8-1。

表 8-1　常用无机高分子絮凝剂的类别和品种

类别	品种
阳离子型	聚合氯化铝(PAC、PACL),聚合硫酸铝(PAS),聚合氯化铁(PFC),聚合硫酸铁(PFS),聚合磷酸铝(PAP),聚合磷酸铁(PEP)
阴离子型	活化硅酸(AS),聚合硅酸(PS)
无机复合型	聚合氯化铝铁(PAFC),聚合硫酸铝铁(PAFS),聚合硅酸铝(PA-SiC、PASiS),聚合硅酸铁(PFSiC、PFSiS),聚合硅酸铝铁(PAFSi),聚合磷酸铝铁(PAFP),聚合磷酸氯化铝(PAPCL),聚合氯化硫酸铝(PASCL),聚合氯化硫酸铝铁(PAFSCL),聚合复合型铝酸钙,聚合硅酸硫酸铝(PSiAS)
无机有机复合型	聚合铝-聚丙烯酰胺(PACM),聚合铁-聚丙烯酰胺(PFCM),聚合铝-阳离子有机高分子(PCAT),聚合铁-阳离子有机高分子(PCFT),聚合铝-甲壳素(PAPCh)

⑨ 无机高分子絮凝剂的特点有哪些?

Al(Ⅲ)、Fe(Ⅲ)、Si(Ⅳ) 的羟基和氧基聚合物都会进一步结合为聚集体,在一定条件下保持在水溶液中,其粒度大致在纳米级范围内,以此发挥凝聚-絮凝作用会得到低投加量高效果的结果。铝聚合物的反应较缓和,形态较稳定,铁的水解聚合物则反应迅速,容易失去稳定而发生沉淀,硅聚合物则更趋于生成溶胶及凝胶颗粒。

⑩ 聚合氯化铝的特点和适用范围有哪些?

聚合氯化铝 (PAC),又称碱式氯化铝。PAC 是一种多价电解质,能显著地降低水中黏土类杂质 (多带负电荷) 的胶体电荷。由于分子量大,吸附能力强,形成的絮凝体较大,絮凝沉淀性能优于其他絮凝剂。PAC 聚合度较高,投加后快速搅拌,可以大大缩短絮凝体形成时间。PAC 受水温影响较小,低水温时使用效果也很好。它对水的 pH 值降低较少,适用的 pH 值范围宽 (可在 pH=5~9 范围内使用),故可不投加碱剂。PAC 的投加量少,产泥量也少,且使用、管理、操作都较方便,对设备、管道等腐蚀性也小。

⑪ PAC 的碱化度是什么?

由于聚合氯化铝可以看作是 $AlCl_3$ 逐步水解转化为 $Al(OH)_3$

过程中的中间产物，也就是 Cl⁻ 逐步被羟基 OH⁻ 取代的各种产物。聚合氯化铝的某种形态中羟基化程度就是碱化度，碱化度是聚合氯化铝中羟基当量与铝的当量之比。

实践表明，碱化度是聚合氯化铝的最重要指标之一，聚合氯化铝的聚合度、电荷量、混凝效果、成品的 pH 值、使用时的稀释率和贮存的稳定性等都与碱化度有密切关系。常用聚合氯化铝的碱化度多为 50%～80%。

12 复合絮凝剂的特点和使用的注意事项有哪些?

复合絮凝剂主要原料是铝盐、铁盐和硅酸盐。从制造工艺方面讲，它们可以预先分别羟基化聚合再加以混合，也可以先混合再加以羟基化聚合，但最终总是要形成羟基化的更高聚合度的无机高分子形态，才能达到优异的絮凝效果。复合絮凝剂中每种组分在总体结构和凝聚-絮凝过程中都会发挥一定作用，但在不同的方面，可能有正效应，也可能有负效应。

13 人工合成有机高分子絮凝剂的种类有哪些?

人工合成有机高分子絮凝剂多为聚丙烯、聚乙烯物质，如聚丙烯酰胺、聚乙烯亚胺等。

14 什么是阴离子型聚丙烯酰胺的水解度?

阴离子型聚丙烯酰胺"水解度"是水解时 PAM 分子中酰氨基转化成羧基的百分比，但由于羧基数测定很困难，实际应用中常用"水解比"即水解时氢氧化钠用量与 PAM 用量的质量比来衡量。

水解比过大，加碱费用较高，水解比过小，又会使反应不足，阴离子型聚丙烯酰胺的混凝或助凝效果较差。一般将水解比控制在20%左右，水解时间控制在 2～4h。

15 影响絮凝剂使用的因素有哪些?

影响絮凝剂使用的因素有水的 pH 值、水温、水中杂质成分、絮凝剂种类、絮凝剂投加量、絮凝剂投加顺序和水力条件。

16 天然有机高分子絮凝剂的种类有哪些？

天然有机高分子絮凝剂的毒性小，提取工艺简单，按照其主要天然成分（包括改性所用的基质成分），可以分为壳聚糖类絮凝剂、改性淀粉絮凝剂、改性纤维素絮凝剂、木质素类絮凝剂、树胶类絮凝剂、褐藻胶絮凝剂、动物胶和明胶絮凝剂等。

17 如何确定使用絮凝剂的种类和投加量？

絮凝剂的选择和用量应根据相似条件下的运行经验或原水混凝沉淀试验结果，结合当地药剂供应情况，通过技术经济比较后确定。选用的原则是价格便宜、易得，净水效果好，使用方便，生成的絮凝体密实、沉淀快、容易与水分离等。

18 什么是助凝剂？其作用是什么？

在废水的混凝处理中，有时使用单一的絮凝剂不能取得良好的混凝效果，往往需要投加某些辅助药剂以提高混凝效果，这种辅助药剂称为助凝剂。常用的助凝剂有氯、石灰、活化硅酸、骨胶和海藻酸钠、活性炭和各种黏土等。

有的助凝剂本身不起混凝作用，而是通过调节和改善混凝条件，起到辅助絮凝剂产生混凝效果的作用。有的助凝剂则参与絮凝体的生成，改善絮凝体的结构，可以使无机絮凝剂产生的细小松散的絮凝体变成粗大而紧密的矾花。

19 常用助凝剂的种类有哪些？

助凝剂种类较多，但按它们在混凝过程中所起作用来说，大致可分为如下两类。

（1）调节或改善混凝条件的药剂，这类助凝剂包括酸和碱。

（2）加大矾花粒度、密度和结实性的助凝剂，如二氧化硅、活性炭、聚丙烯酰胺、活化硅酸及骨胶等高分子助凝剂。

20 絮凝剂、助凝剂在强化废水处理中的优点有哪些？

废水处理中投加絮凝剂可加速废水中固体颗粒物的聚集和沉降，同时也能去除部分溶解性有机物、磷酸盐和重金属离子等，使活性污泥阶段产生的污泥中无机物成分减少，提高活性污泥的生物降解功能。这种方法具有投资少、操作简单、灵活等优点。

21 **常用污泥调理剂的种类有哪些?**

调理剂又称脱水剂，可分为无机调理剂和有机调理剂两大类。无机调理剂一般适用于污泥的真空过滤和板框过滤，而有机调理剂则适用于污泥的离心脱水和带式压滤脱水。

22 **常用的无机调理剂有哪些?**

常用的无机调理剂主要有铁盐和铝盐两大类。铁盐调理剂主要包括氯化铁（$FeCl_3 \cdot 6H_2O$）、硫酸铁 [$Fe_2(SO_4)_3 \cdot 4H_2O$]、硫酸亚铁（$FeSO_4 \cdot 7H_2O$）以及聚合硫酸铁（PFS）等，铝盐调理剂主要有硫酸铝 [$Al_2(SO_4)_3 \cdot 18H_2O$]、三氯化铝（$AlCl_3$）、碱式氯化铝 [$Al(OH)_2Cl$]、聚合氯化铝（PAC）等。

23 **常用的有机调理剂有哪些?**

有机合成高分子调理剂种类很多，按聚合度可分为低聚合度（分子量为 1000 至几万）和高聚合度（分子量为几十万至几百万）两种；按离子型分为阳离子型、阴离子型、非离子型、阴阳离子型等。与无机调理剂相比，有机调理剂投加量较少，一般为污泥干固体质量的 0.1%～0.5%，而且没有腐蚀性。

24 **选择使用污泥调理剂应考虑的因素有哪些?**

选择使用污泥调理剂应考虑的因素有调理剂的品种特点、污泥性质、温度、pH 值、配制浓度、投加顺序和混合反应条件。

25 **如何选择无机调理剂?**

常用的无机调理剂有铝盐和铁盐无机调理剂，使用铝盐时的药剂投加量较大，所形成的絮凝体密度较小，调理效果较差，在脱水过程中会堵塞滤布。因此，在选用无机调理剂时，尽可能采用铁盐；当使用铁盐会带来许多问题时，再考虑采用铝盐。

26 污泥性质对污泥调理剂选择有什么影响？

不同性质的污泥，选用调理剂的种类和投加量也有很大差异。对有机物含量高的污泥，较为有效的调理剂是阳离子型有机高分子调理剂，而且有机物含量越高，越适宜选用聚合度高的阳离子型有机高分子调理剂。而对以无机物为主的污泥，则可以考虑采用阴离子型有机高分子调理剂。另外，污泥含固率也影响调理剂的投加量，一般污泥含固率越高，调理剂的投加量越大。

27 配制浓度对污泥调理剂选择有什么影响？

调理剂的配制浓度不仅影响调理效果，而且影响药剂消耗量和泥饼产率，其中有机高分子调理剂影响更为显著。一般来说，有机高分子调理剂配制浓度越低，药剂消耗量越少，调理效果越好。这是因为有机高分子调理剂配制浓度越低，越容易混合均匀，分子链伸展得越好，架桥凝聚作用发挥得越好，调理效果当然也越好。但配制浓度过高或过低都会降低泥饼产率。而无机高分子调理剂的调理效果几乎不受配制浓度的影响。经验和有关研究表明，有机高分子调理剂配制浓度在0.05％～0.1％比较合适，三氯化铁配制浓度以10％最佳，而铝盐配制浓度在4％～5％最为适宜。

28 投加顺序对污泥调理剂选择有什么影响？

当采用不止一种调理剂时，调理剂投加的顺序也会影响调理效果。当采用铁盐和石灰作为调理剂时，一般先投加铁盐，再投加石灰，这样形成的絮凝体与水较易分离，而且调理剂总的消耗量也较少。当采用无机调理剂和有机高分子调理剂联合调理污泥时，先投加无机调理剂，再投加有机高分子调理剂，一般可以取得较好的调理效果。

29 调理剂的投加量如何确定？

污泥调理的药剂消耗量没有固定的标准，根据污泥的品种、消化程度、固体浓度等具体性质的不同，投加量会出现一定的差异。一般来说，按污泥干固体质量的百分比计，三氯化铁的投加量为

$5\%\sim10\%$，硫酸亚铁为 $10\%\sim15\%$，消石灰为 $20\%\sim40\%$，聚合氯化铝和聚合硫酸铁为 $1\%\sim3\%$，阳离子型聚丙烯酰胺为 $0.1\%\sim0.3\%$。

30 常用的消泡剂有哪些？

常用的消泡剂按成分不同可分为硅（树脂）类、表面活性剂类、链烷烃类和矿物油类。

31 常用的消毒剂有哪些？

常用的消毒剂有次氯酸类、二氧化氯、臭氧等。

1 **分析技术要求的主要内容是什么？**

分析技术要求的主要内容是分析技术文件、分析环境、设施、化学药品、分析试剂、分析试样等项要求。

2 **分析技术文件包括哪些内容？**

分析技术文件主要由三部分构成：分析技术规程、分析记录与分析报告单。

（1）分析技术规程 是分析方法的汇集，是分析工作的技术依据，是分析工作的法规性技术文件，要求分析检验人员、相关管理人员必须予以执行。

一部完整的分析方法，应明确阐释一项分析工作的基本原理，规定了分析工作所需的仪器、药品、试剂及其分析步骤与分析过程、注意事项，明确该项分析所应具备的准确度、精密度、检出极限、适用范围等项参数。

分析方法分类一般分为两类：第一类为国家标准分析方法，简称"国标"；第二类为企业标准分析方法，简称"企标"。

国家标准分析方法一般用在污水处理装置的进水水质分析、处理后出水的水质分析中，报送国家相关管理部门的水质监测分析数据，原则上必须应用国家标准分析方法得出分析数据。废水监测分析方法的标准化管理工作属于专业技术委员会的业务范畴，由国家技术监督局领导。在它的领导下，国家环境保护部于 1979 年设立了标准处，主管环境保护标准工作。中国环境监测总站也于 1983

年成立了标准室，归口管理环境监测分析方法标准化工。

企业标准分析方法一般用于污水处理装置的过程控制分析工作中，目的是了解、掌握各处理单元、单体处理装置的运行效率与处理水平，为生产的组织与协调提供技术依据。企业标准分析方法由企业技术主管部门组织起草编写，由企业标准化主管部门组织评审并发布实施。

（2）分析记录　其设置没有统一的模式。一般复杂分析项目要单独设立分析记录，简单分析项目可几个项目共用一份分析记录。分析记录的格式内容应包括分析项目名称、分析时间、取样时间与地点、主要化学试剂消耗量（浓度与体积）、化学药品消耗量（重量或体积）、分析结果、计算公式、分析者、复核者等信息。

分析记录应能够反映分析项目的基本信息，为管理者提供相关管理信息。所以分析记录在格式内容的设置上不局限于上述所述内容，可增可减。实际工作中，可结合分析工作实际与管理工作要求，设置分析记录内容。

分析记录在分析操作岗位使用，保存于分析技术管理岗位。记录的各项内容只能由实际分析操作者据实填写，填写错误时要规范更改。非实际操作者、其他人无权填写与更改分析记录。

分析记录一经形成，其相关的法律责任与效果同时形成。

分析记录的保存期限可根据管理需要设置，一般为 2～3 年。

（3）分析报告单　其设置没有统一的模式。视报告单的报告去向与管理要求，既可以若干个分析项目合用一份报告单，也可以每个分析项目单独使用一份报告单。分析报告单的格式内容可根据管理需要确定，但必须包括以下基本内容：分析项目名称、取样时间、取样地点、分析时间、分析结果、分析者、复核者等信息。

分析报告单的产生必须由实际分析操作者按分析记录的内容据实填写，非实际操作者、其他人无权填写分析报告单。分析报告单不允许填写错误，填写错误的报告单必须作废。

分析报告单应一式两份，报出一份，报告人自存一份。分析报告单一经报出，其相关的法律责任与效果同时形成。

分析报告单的保存期限可根据管理需要设置，一般应与分析记录的保存期限同步，为 2～3 年。

3 **分析环境、设施有哪些要求？**

一套功能完备的水质分析实验室，应具备的环境条件包括：稳定的电源供给、稳定的水源供给、实验用水（蒸馏水、去离子水）制备与供给；无振动源、无噪声源、无射线源。同时还应具备下述设施与功能：天平室、高温室、标准滴定溶液室、气源室、化学分析实验室、仪器分析实验室。

4 **废水试样的采集有什么要求？有几种采集方法？**

废水试样的采集总的要求是所采集的废水试样要有代表性，应能够反映出废水流量、浓度随时间的变化状态，能满足总量控制、浓度控制的管理要求。采集方法如下。

（1）瞬时水样 按规定，在某一时刻采样。适用于废水的组分和浓度随时间变化较小、污水处理设施（如调节池）稳定排放的废水。

（2）平均混合水样 在一段时间内（按管理需要而定，一般为一昼夜或一个生产周期），每隔相同的时间分别采集等量水样，然后混合均匀而组成的水样。多用于几个性质相同的生产设备、设施排出的废水，或同一设备、设施流出的流量恒定但水质变化较大的废水。

（3）平均比例混合水样 在一段时间内，每隔相同的时间分别采样，然后按相应的流量比例混合均匀而组成的水样。或在一段时间内，流量大时多取，流量小时少取，然后将所取水样混合均匀的水样。适用于废水流量、污染物组成与浓度周期性变化的水质。生活污水一般常采集平均比例混合水样或平均混合水样。

（4）连续比例混合水样 在有自动连续采样器的条件下，在一段时间内按流量比例连续采集而混合均匀的水样。

（5）单独水样 即单独采样、单独分析，且应随时采样、随时分析，如有必要，还应在取样现场进行水样固定。适用于：污染物组分分布不均匀，如油类、悬浮物等；污染物组分在放置过程中很容易发生变化，如溶解氧、硫化物等。

分时间单元采集样品时，以下项目只能单独采样，不能组成混合样品：pH 值、COD、BOD、硫化物、溶解氧、有机物项目。

5 采样过程的质量保证与质量控制如何进行？

采样过程的质量保证与质量控制按下述方法进行。

（1）对含石油类和动植物油的工业废水，一般应采集水面以下 10～15cm 处的乳化油水样。装贮水样用的容器应预先彻底洗净。

只测定溶解的或乳化的油含量时，采样时要避开水面上的浮油，在水面下 5～10cm 处采集水样。

测定水中包括油膜的油含量时，要一并采集水面上的油膜样品，同时要测量油膜厚度和覆盖面积。将三角漏斗固定在球形分液漏斗上（分液漏斗的体积视样品的需要量而定）。采样时，打开分液漏斗的支管活塞，手持分液漏斗和三脚架，将其迅速浸入水中，使水样和油膜一并通过三角漏斗进入分液漏斗中，即将充满时，关闭分液漏斗的支管活塞，快速倒置取出水面。

测定水面上薄层油膜的油分含量时，可用一个已知面积的不锈钢格架，格架上布置好不锈钢丝网，网上固定着容易吸收油类的介质（如厚滤纸、有机溶剂泡过的纸浆、硅藻土或合成纤维等）。将不锈钢格网放在水面上吸收漂浮的油分。取出钢网，用石油醚溶解油分，按《环境监测分析方法》中石油醚萃取物测定法分析，测出油分含量，单位为 mm/m^2。

由于油分容易黏附于容器壁上，所以测油的样品不得再次转移或分取，不需将整份样品用于一次实验中。

（2）溶解氧采样时，要注意避开湍流，水样要平稳地充满溶解氧瓶，不得曝气，瓶内不能残留小气泡。在现场用电极法测定溶解氧时，可将预先处理好的电极直接放入被测水质中或 1000mL 以上体积的水样瓶中测量。需带回实验室分析测定溶解氧的水样，采样后应现场固定。操作时切忌引入空气，盖好瓶塞后需加水封，防止空气进入水样。最好用冷藏运输。

（3）含硫化物、油和悬浮物的废水样品，应分别单独定容采样，全部用于测定。

（4）采样前，必须了解与排放废水有关的工艺流程和治理措施，以便于判定存在的干扰和做必要的预处理。

（5）为保证分析结果准确、可靠，每批样品应增加空白实验，并控制空白实验值；开展质控样、加标样的分析，还可采取分样送检、不同原理的分析方法对比以及样品经比例稀释测定等措施，核对监测分析数据的可靠性。

6 废水试样的保存有哪些要求？

保存废水试样的基本要求如下。

（1）抑制微生物的作用。

（2）减缓化合物或络合物的水解及氧化还原作用。

（3）减少组分的挥发和吸附损失。

7 废水试样有几种保存方法？

废水试样的保存方法如下。

（1）冷藏法 水样在 2～5℃ 保存，能抑制微生物的活动，减缓物理作用和化学作用的速度。一般冰箱的冷藏室即可满足此项要求。

（2）化学法

① 加入生物抑制剂法 在水样中加入生物抑制剂，可以阻止生物的作用。常用的试剂有氯化汞（$HgCl_2$），加入量为每升水样 $20～60mg$。但对于需要测汞的水样，可加苯或三氯甲烷（$CHCl_3$），每升水样加 $0.1～1.0mL$。

② 加入化学试剂法 为防止水样中某些金属元素在保存期间发生变化，可加入某些化学试剂。如加酸调节水样的 pH 值，使其中的金属元素呈稳定状态，一般可保存数周，但对汞的保存时间要短些，一般为一周。

常用保存剂的作用和应用范围见表 9-1。

8 分析质量控制包括几个部分？

分析质量控制包括实验室内质量控制、实验室间质量控制两

表 9-1 常用保存剂的作用和应用范围

保存剂	作用	适用的监测项目
$HgCl_2$	细菌抑制剂	各种形式的氮、磷
HNO_3	金属溶剂,防止沉淀	多种金属元素
H_2SO_4	细菌抑制剂,与有机碱形成盐	有机水样(COD、TOC、油和脂)、氨和胺类
NaOH	与挥发性化合物形成盐类	氰化物、有机酸类、酚类
冷冻	细菌抑制剂,减慢化学反应速率	酸度、碱度、有机物、BOD、色度、嗅、有机磷、有机氮、生物机体

部分。

⑨ 还原性物质对 COD_{Cr} 的测定有什么影响?

COD_{Cr} 的分析过程,其化学反应的机理是在酸性条件下有机物被氧化的反应,氧化剂为标准重铬酸钾溶液。因此,在 COD_{Cr} 的分析过程中,如果被测水样中含有还原性物质(如 Cl^-、NO_2^-、Fe^{2+}、S^{2-} 等),将导致分析结果偏高,影响分析结果的真实性。

此外,因为 COD_{Cr} 的分析过程使用氧化剂重铬酸钾,因此,有些氧化性低于重铬酸钾的氧化剂,会导致分析结果偏高,影响分析结果的真实性。

在实际分析工作中,应按分析标准规定的方法,消除还原性物质对 COD_{Cr} 分析测定的影响,确保分析结果真实、可靠。

⑩ 污水中氯化物分析过程中有哪些影响因素?

污水中氯化物的分析主要有三方面的影响因素:指示剂浓度、反应酸度与干扰物质的影响。

氯化物的分析方法是银量法,使用 K_2CrO_4 为指示剂,若指示剂 K_2CrO_4 的浓度过高,会影响对终点颜色的观察,实际使用的 K_2CrO_4 指示剂的浓度以 $5×10^{-3}\,mol/L$ 为妥。硝酸银容量法要求溶液的酸度范围为 $pH=6.5\sim10.5$,若试液碱性太强,可用稀 HNO_3 中和;酸性太强,可用 $NaHCO_3$、NaB_4O_7 等中和。在氯化物分析过程中,凡能与 Ag^+ 生成微溶性化合物或络合物的阴离子都干扰测定(如 PO_4^{3-}、AsO_4^{3-}、SO_3^{2-}、S^{2-}、CO_3^{2-}、$C_2O_4^{2-}$

等），应按分析标准规定的方法消除干扰，确保分析结果的正确。

11 **如何设置污水中痕量硝基苯类、氯代烃类化合物毛细管气相色谱分析的分析条件？**

该项分析采用美国 PE 公司 Autosystem XL GC 仪，附有 Ni63 电子捕获检测器，PE 公司 1022 色谱工作站。OV-17 石英毛细柱，长度为 30m，内径为 0.22mm。

仪器工作条件如下：柱温为 140℃；进样器温度为 250℃；检测器温度为 300℃；分流比为 50：1；柱前压为 20.0psi❶；ECD 电子捕获检测器衰减为 16dB；灵敏度为 1 级；高纯氮气为载气；峰面积外标定量法；测定回收率为 89.8%～93%。

12 **活性污泥法处理污水过程中菌胶团的破碎方法有几种？**

菌胶团的破碎有三种方法。

（1）物理破碎法　即用高速组织捣碎机进行破碎，使细菌从菌胶团中释放出来。

（2）化学破碎法　即在酸性（如 HNO_3、H_2SO_4、HCl 等）或碱性（如 NaOH、Na_2CO_3、$NaHCO_3$ 等）条件下水解菌胶团，使细菌从菌胶团中释放出来。

（3）生物学（酶水解）破碎法　使细菌从菌胶团中释放出来。酶水解破碎法中，胃蛋白酶和胰蛋白酶对菌胶团的水解作用一般，而纤维素酶对菌胶团的水解破碎效果比较理想。荷兰微生物学家 E. G. Mulder 及其同事，采用纤维素酶来解离菌胶团，获得了较好效果。

13 **污水处理厂中的"四泥"是指哪四种泥？**

"四泥"是指：生活污水处理过程所产生的生活污泥（或称消化污泥）；生物化学处理过程中所产生的生化污泥（活性污泥）；生化处理前，预处理（初沉处理）时所产生的化学污泥；综合处理后所产生的混合污泥（不含生活污泥）。

---

❶ 1psi＝6894.76Pa。

14 **什么是多环芳香烃污染物？**

多环芳香烃是指分子中含有两个以上苯环的碳氢化合物，包括萘、蒽、菲、芘等 150 余种化合物。有些多环芳香烃还含有氮、硫和环戊烷，常见的具有致癌作用的多环芳香烃多为四元环到六元环的稠环化合物。

国际癌症研究中心（IARC）（1976 年）列出的 94 种对实验动物致癌的化合物，其中 15 种属于多环芳香烃，由于苯并 [a] 芘是第一个被发现的环境化学致癌物，而且致癌性很强，故常以苯并 [a] 芘作为多环芳香烃的代表，它占全部致癌性多环芳香烃的 1%～20%。

参 考 文 献

[1] 高兴波，郭树君，邱延波，左宏伟．化工废水处理技术．北京：化学工业出版社，2000．

[2] 金儒霖，刘永龄．污泥处置．北京：中国建筑工业出版社，1982．

[3] 唐受印，戴友芝．水处理工程师手册．北京：化学工业出版社，2000．

[4] 刘秉涛，娄渊知，徐菲．聚合氯化铝/聚糖复合絮凝剂在活性污泥中的调理作用．环境化学，2007，26（1）：42-45．

[5] 刘轶，周健，刘杰，杨志，龙熙．污泥脱水性能的关键影响因素研究．环境工程学报，2013，（7）：7．

[6] 胡纪萃，周孟津，左剑恶，周琪，何苗．废水厌氧生物处理理论与技术．北京：中国建筑工业出版社，2003．

[7] 苑宏英，张华星，陈银广．pH 对剩余污泥厌氧发酵产生的 COD、磷及氨氮的影响．环境科学，2006，27（7）：1359-1361．

[8] Nurdan B. Biological sludge conditioning by Fenton's reagent. Process Biochemistry, 2004，39（11）：1503-1506．

[9] Young Park K，Kyu-Hong A，Kyu Maeng S，et al. Feasibility of sludge ozonation for stabilization and conditioning. Ozone：Science and Engineering，2003，25（1）：73-80．